CHAPITRE PREMIER.
Préliminaires.

1. — On appelle Géométrie la science qui a pour objet les propriétés de l'étendue.

2. — On distingue trois sortes d'étendue. 1°. l'étendue à une dimension que l'on appelle selon les cas longueur, largeur, hauteur, distance &c. ou simplement ligne comme l'écartement des points A et B. 2°. l'étendue à deux dimensions que l'on appelle aire, surface, superficie, comme la grandeur d'une table, d'une pièce de terre. 3°. l'étendue à trois dimensions que l'on appelle volume, capacité, solidité &c. comme le volume d'une pièce de bois, la contenance d'une barrique.

3. — Pour bien comprendre que les surfaces n'ont aucune épaisseur, prenons pour exemple un verre plein d'eau, la surface intérieure du verre est ce qui le sépare de l'eau. Or à tous les points où la substance du verre se termine l'eau commence immédiatement, de même partout où l'eau finit, le verre commence pareillement sans qu'il reste aucun intervalle pour l'épaisseur de la surface.

4. — Pour bien voir que les lignes n'ont aucune largeur, prenons pour exemple l'instrument que l'on appelle un voyant, dont une moitié est peinte en blanc et l'autre en noir pour marquer la ligne A B.

Partout où le blanc cesse, le noir commence immédiatement sans qu'il reste aucun intervalle pour l'épaisseur de la ligne.

5. — On appelle point géométrique l'endroit où deux lignes se rencontrent, ou encore les extrémités d'une ligne.

6. — Le point n'a par conséquent aucune espèce d'étendue. En effet, prenons pour exemple une mire, le point de mire O est marqué par la rencontre des deux lignes A B et C D qui séparent les quatre couleurs dont nous supposons qu'elle soit peinte. Or quand une de ces couleurs finit au point O les autres commencent immédiatement sans qu'il reste aucun intervalle pour l'étendue du point O.

7. — Le dessin linéaire est l'art de représenter par de simples traits les contours des surfaces et des corps. L'ensemble de ces traits se nomme une figure.

8. — La base du dessin linéaire est le tracé géométrique. On appelle ainsi l'art d'employer la règle et le compas pour la détermination des figures.

9. — On dit qu'une figure est déterminée lorsqu'elle ne peut être que d'une seule manière pour satisfaire aux conditions de la question. Lorsqu'on peut la tracer de plusieurs manières en satisfaisant à toutes les conditions de la question, on

14877

dir qu'elle est indéterminée

10. _____ Deux figures sont dites égales lorsqu'en les plaçant l'une sur l'autre elles se recouvrent exactement.

Chapitre II.
Des lignes en général et de la ligne droite.

11. _____ On peut considérer la ligne comme la trace d'un point mis en mouvement. Le point n'ayant aucune étendue (6) la trace de son passage n'aura d'étendue ni en largeur ni en épaisseur mais seulement en longueur, Ce sera donc une ligne (4).

12. _____ Il résulte de là deux sortes de lignes 1° la ligne droite et 2° la ligne courbe

13. _____ La ligne est droite lorsque le point en mouvement marche toujours vers un seul et même point. Par conséquent 1° la ligne droite est le plus court chemin d'un point à un autre, 2° d'un point à un autre il ne peut y avoir qu'une seule ligne droite, puisqu'il ne saurait y avoir deux routes pour aller directement d'un point à un autre.

14. _____ La ligne est courbe lorsque le point dans son mouvement se détourne un peu de sa direction à chaque pas comme les lignes A B. C D.

15. D'après cela il n'y a qu'une espèce de ligne droite, mais il y a une infinité de lignes courbes puisque le point peut se détourner plus ou moins à chaque pas

16. Il faut au moins deux points pour déterminer une ligne droite, car si on n'en avait qu'un seul la ligne pourrait prendre toutes sortes de directions en passant par ce point. D'un autre côté deux points suffisent puisque d'un point à un autre il ne peut y avoir plus d'une ligne droite (13)

17. _____ Pour déterminer une ligne courbe il faut toujours plus de deux points, car par deux points seulement on peut faire passer une infinité de lignes courbes.

18. _____ Pour tracer une ligne droite par deux points donnés, pour les petites longueurs on se sert d'une ligne déjà faite comme le bord d'une règle On place cette règle de manière que son bord arrase les points donnés et au moyen d'un crayon, d'une ligne ou d'une pointe on trace la ligne.

19. _____ Il y a une précaution à prendre en employant ce moyen, c'est de s'assurer

que la règle est droite. Pour y parvenir, après
avoir mis la règle dans la position MN du point
A au point B et avoir tracé, on la retourne dans
la position PQ et l'on trace de nouveau; si la
règle a du creux il devra évidemment rester du
jour entre les deux traits. Si au contraire elle
a du rond ils avanceront l'un sur l'autre. Et
pour que la règle soit droite ils ne devront
faire qu'un seul trait. (13)

20. _______ Pour les distances plus grandes, on se sert d'un cordeau ou ficelle que l'on
tend bien après l'avoir frotté de blanc. On le pince ensuite et on l'élève un
peu et en retombant par son ressort, il trace la ligne. Cela s'appelle battre
une ligne.

Sur le terrain on se sert de jalons. Ce sont des piquets que l'on plante et
que l'on place à l'oeil dans l'alignement les uns des autres.

21. _______ Pour mesurer une ligne on porte sur elle une autre ligne prise pour unité
de longueur. Cette unité porte des subdivisions qui servent à évaluer ce qui
reste, lorsque la mesure n'est pas contenue dans la ligne un nombre exact
de fois.

Exercices. Faire passer des lignes droites par des points donnés.
Vérifier des règles.
Mesurer des lignes avec le double décimètre sur le papier et
avec le mètre sur le terrain.

Chapitre III.
Du Cercle et de la Circonférence

22. _______ On appelle ligne circulaire ou Circonférence de cercle, une ligne courbe dont tous
les points sont également éloignés d'un point
intérieur qu'on appelle Centre. La ligne ABEGH
dont tous les points tels que A, B, E, G, H &c sont
a égale distance du point O est une circonférence
dont le point O est le centre.

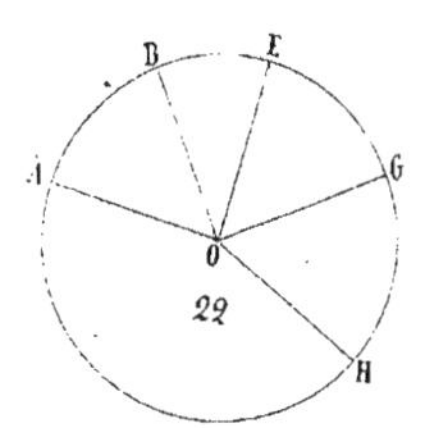

23. Pour tracer une circonférence, on ouvre
un compas de la grandeur donnée, et l'on
fait tourner une de ses branches autour

de l'autre qui reste fixée au centre. S'il s'agit d'une très grande circonférence on se sert d'une tringle en bois ou d'un cordeau dont l'une des extrémités reste fixée au centre tandis que l'autre décrit la circonférence. Il est clair que la ligne ainsi tracée aura tous ses points à égale distance de celui où repose le pivot, ce sera donc une circonférence.

24. _______ On appelle Cercle la surface terminée par la circonférence; cependant les mots de Cercle et de Circonférence s'emploient souvent l'un pour l'autre.

25. _______ On appelle Rayon la ligne droite qui part du centre et se termine à la circonférence. Il résulte de cette définition que tous les rayons sont égaux, puisque tous mesurent la distance du centre à la circonférence. OA, OB, OG, OH sont des rayons.

26. _______ Un diamètre est une ligne droite qui, passant par le centre, se termine de part en d'autre à la circonférence. AB, GH sont des diamètres. Il résulte de cette définition que chaque diamètre est égal à la somme de deux rayons, puisqu'il mesure deux fois la distance du centre à la circonférence. Ils sont donc aussi tous égaux entr'eux.

27. _______ Tout diamètre partage le cercle en deux parties égales. En effet si l'on plie le cercle le long d'un diamètre AB, tous les points de la partie AHB devront tomber sur les points de la partie AGB et les deux demi-cercles se confondront, car s'ils ne se confondaient pas il y aurait des points qui seraient plus éloignés du centre les uns que les autres, ce qui serait contraire à la définition de la circonférence (22)

28. _______ On appelle un arc de cercle une partie quelconque de la circonférence, AG, GB, AH sont des arcs.

29. _______ On appelle corde d'un arc la ligne droite qui va d'une extrémité à l'autre de cet arc. On dit que la corde sous-tend l'arc et que l'arc est sous-tendu par la corde. CD est une corde qui sous-tend l'arc CHD et l'arc CRD.

30. _______ Dans des cercles égaux, les cordes égales sous-tendent des arcs égaux. Pour le prouver, soient les cordes AB et CD supposées égales, je dis que les arcs qu'elles sous-tendent seront aussi égaux. En effet, transportons la corde CD, avec son arc, sur la corde AB, ces deux cordes étant égales leurs extrémités

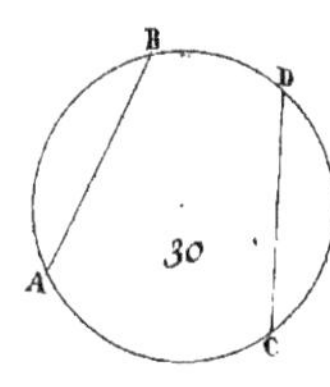

qui sont aussi celles des arcs se confondent. De plus les arcs devront se recouvrir exactement dans toute leur étendue, sans quoi il y aura dans un même cercle des points inégalement distants du centre, ce qui est impossible. Les arcs se confondront donc et seront par conséquent égaux. Le même raisonnement peut aussi servir à prouver que dans un même cercle les arcs égaux sont sous-tendus par des cordes égales.

Exercice. Tracer des cercles d'un rayon ou d'un diamètre donné.

31 __Proposition__ Le diamètre est la plus grande de toutes les cordes.

En effet, prenons une corde quelconque BC, et par l'extrémité B menons le diamètre BA, et par le centre O le rayon OC : la ligne BC sera plus courte que la somme des lignes BO et OC, puisque la ligne droite est le plus court chemin d'un point à un autre (13) mais BO et OC étant deux rayons, leur somme est égale au diamètre BA (26) BC est donc plus petit que BA

Appendice au Chapitre III.

32. Les paragraphes précédents nous offrent l'exemple de certaines vérités qui nous étaient encore inconnues et qui ont été rendues claires à notre esprit au moyen du raisonnement et en partant d'autres vérités déjà connues.

Ainsi pour établir que le diamètre est la plus grande de toutes les cordes, nous sommes appuyés sur ces deux principes, 1° que la ligne droite est le plus court chemin d'un point à un autre, 2° que le diamètre est égal à la somme de deux rayons, propriété qui résultent des définitions qui ont été données de la ligne droite et du diamètre.

Une vérité que l'on se propose d'établir ainsi s'appelle proposition et le raisonnement par lequel on l'établit se nomme démonstration.

Pour bien faire une démonstration (surtout lorsqu'on s'exprime en public) il faut d'abord l'énoncer sous forme générale, puis après avoir fait la figure, l'énoncer de nouveau en particulier sur les lignes dont on doit faire usage, ainsi pour le cas de la proposition précédente, on s'énoncera de la sorte:

Je dis que le diamètre est la plus grande de toutes les cordes, c'est à dire que si AC est une corde quelconque, et AB un diamètre que je choisis passant par l'extrémité A de la corde, (ce qui est permis puisque tous les diamètres sont égaux entr'eux) AB sera plus grand que AC.

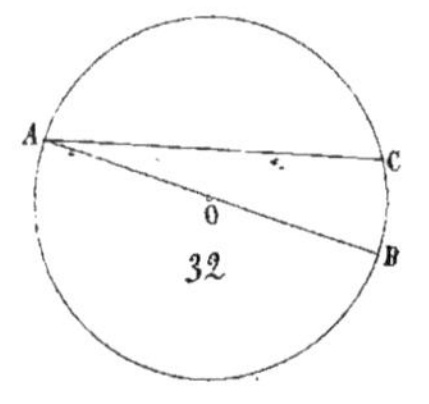

On fait ensuite la démonstration dont la conclusion est donc AB est plus grand que AC.

On peut remarquer alors que la corde a été prise arbitrairement et qu'on en pourrait dire autant de toute autre, donc le diamètre est la plus grande de toutes les cordes. Ce qu'il fallait démontrer.

Cette démonstration est directe, c'est à dire que les raisonnements que l'on emploie conduisent directement à la proposition que l'on veut établir.

Il est un autre genre de démonstration dont on a pu voir une application dans la démonstration qui a été donnée de cette proposition, que tout diamètre partage le cercle en deux parties égales. (27) Cette vérité a été démontrée uniquement en faisant voir que la supposition contraire menait à une absurdité, puisqu'alors il y aurait eu des points de la circonférence inégalement éloignés du centre, ce qui est contraire à la définition de la circonférence.

Ce genre de démonstration est ce qu'on appelle une réduction à l'absurde.

33. —— Une question donnée à résoudre se nomme problème. La réponse est la solution du problème.

Chapitre IV

Des Angles

34. —— On appelle Angle, l'ouverture plus ou moins grande de deux lignes OM, ON qui se rencontrent en un point O qu'on nomme le sommet de l'angle, les deux lignes qui comprennent l'angle se nomment côtés.

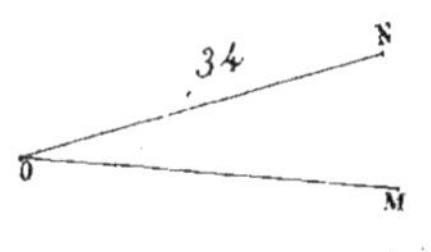

Pour désigner cet angle, on énoncera les trois lettres M, O et N, en mettant au milieu celle du sommet, ainsi on l'appellera indifféremment l'angle M,O,N ou l'angle N,O,M, ou encore simplement l'angle O lorsqu'il n'y a pas danger de le confondre avec d'autres qui auraient le même sommet.

35. —— Pour bien comprendre la nature des angles il faut supposer que les deux lignes OM et ON étaient d'abord confondues et que l'une d'elles ON (par exemple) a tourné autour du point O pour occuper la position actuelle. La quantité dont elle a ainsi tourné est précisément l'angle M,O,N.

36. —— Il faut remarquer à cet égard qu'il y a réellement autour du point O deux

7.

angles qui portent le même nom, 1.° Celui qui correspond à l'ouverture MPN et celui qui correspond à l'ouverture qui aurait eu lieu si la ligne ON avait tourné dans le sens des lettres MSRN. Mais il est entendu que toutes les fois qu'on n'exprime pas le contraire, c'est toujours le plus petit de ces deux angles qui est désigné par les trois lettres des côtés et du sommet.

37 — Dans ce mouvement de la ligne ON autour du point O comme centre, chacun de ses points, I, par exemple décrira un arc de cercle, et lorsque la droite aura fait un tour entier, chacun de ses points aura décrit une circonférence entière dont le centre sera en O.

38 — Pour arriver à exprimer en nombre la mesure des angles, nous pouvons supposer que l'une quelconque des circonférences ait été partagée en un certain nombre de parties égales entr'elles, et pour nous conformer à l'usage, nous supposerons que les divisions AB, BC, CD &.ᵃ soient pour la circonférence entière au nombre de 360 qu'on appelle dégrés. Tirant les lignes OA, OB, OC, OD &.ᵃ les angles qu'elles formeront entr'elles seront évidemment égaux, car si on fait tourner l'angle BOC, par exemple autour du point O, de manière que OB se confonde avec OA, l'arc BC coïncidera avec AB et par suite OC avec OB. Tous les angles ainsi formés sont donc égaux. On voit donc que chaque arc d'un dégré correspondra à un angle aussi d'un dégré, et cela quelque soit le rayon du cercle décrit du sommet comme centre.

39 — Le dégré se partage en 60 parties égales appelées minutes; la minute en 60 parties égales appelées secondes &.ᵃ

La quantité 6 dégrés 20 minutes 15 secondes s'écrit en abrégé 6° 20' 15″

40 — D'après cela pour mesurer un angle AOB, il faudra tracer de son sommet comme centre et avec un rayon quelconque OM, l'arc MN dont le rapport avec la circonférence entière exprimé en dégrés, minutes et secondes mesurera l'angle proposé.

41. Si on suppose la circonférence partagée en quatre parties égales par les deux diamètres AC et BD, les angles AOD, AOB, DOC et COB qui sont égaux entre eux et de 90° chacun, sont des angles droits.

42. Il résulte de la 1°. que tous les angles droits sont égaux entre eux puisque tous ont pour mesure le quart de la circonférence, 2° que la somme de tous les angles, AOB, BOC, COD, DOA construits autour d'un même point, vaut quatre angles droits, puisque réunis ils embrassent toute la circonférence.

43. On appelle un angle aigu celui qui est plus petit qu'un angle droit, et angle obtus celui qui est plus grand qu'un angle droit.

44. On appelle Angles complémentaires ceux dont la somme fait un angle droit, angles supplémentaires ceux dont la somme forme deux angles droits.

45. Les deux angles construits du même côté d'une ligne droite, comme les angles AOS et AON, sont évidemment deux angles supplémentaires, puisque leur somme est égale à celle des deux angles droits SOP et PON.

46. Il résulte de là que si deux droites se rencontrent l'un des angles est droit, les trois autres le sont aussi puisque deux à deux ils doivent faire deux angles droits.

47. On appelle angles opposés au sommet, ceux qui sont formés par deux lignes qui se coupent et qui ont leurs ouvertures opposées SOA et NOB, AON et SOB sont opposés au sommet. Or ces angles sont toujours égaux deux à deux. En effet la somme des angles AOS et SOB faisant deux angles droits ainsi que celle des angles AOS et AON, retranchant de part et d'autre l'angle AOS, il restera SOB égal à AON.

48. Pour mesurer les angles on se sert d'un demi-cercle en cuivre ou en corne qu'on appelle Rapporteur, sur lequel se trouve tracée la division de la demi circonférence en 180 degrés. Pour en faire usage, on place le centre O de l'instrument sur le sommet de l'angle et son

rayon OA suivant un des côtés, le point de division K où aboutit l'autre côté ON marque sur l'instrument le nombre de degrés de l'angle.

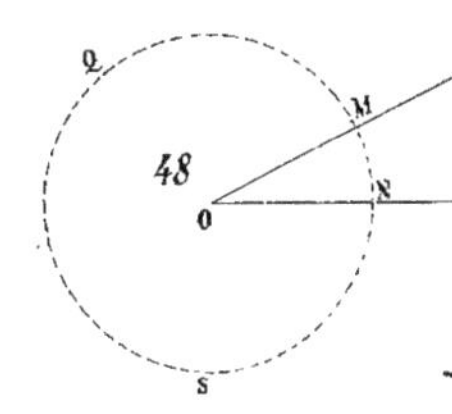

Si l'angle donné a plus de 180°, il se trouve dans le cas de l'angle MQSN. Dans ce cas on mesure comme il vient d'être dit l'angle NOM et prenant la différence à 360° l'on a par suite l'autre angle, on sait en effet que la somme des deux doit faire 360°

49. —— Pour construire avec le rapporteur sur une ligne donnée un angle d'un nombre de degrés donné, on place le rayon OA du rapporteur sur la ligne donnée PM de manière que le centre O soit au point où doit être le sommet de l'angle, on joint ensuite ce point avec le point N où tombe la division qui indique le nombre de degrés voulus; et l'angle NOM est l'angle demandé.

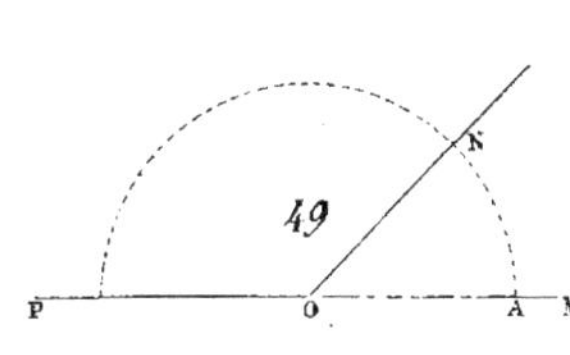

50. —— On peut de même au moyen du rapporteur faire un angle égal à un autre angle, ou bien encore à la somme ou à la différence de deux angles, ou enfin un angle qui soit un certain nombre de fois plus petit qu'un angle donné. Dans tous les cas on mesurera d'abord l'angle ou les angles donnés, et après les avoir exprimés en degrés on fera la somme ou la différence, ou les divisera ou on les multipliera et lorsqu'on sera arrivé au résultat on construira de même l'angle demandé, au moyen du rapporteur.

51. —— Pour opérer avec quelque exactitude, il faut d'abord s'assurer si le rapporteur est bien divisé. On peut y parvenir. On s'assure d'abord que la base du rapporteur est bien un diamètre en voyant si le centre est bien placé, ce qui est facile puisque alors en posant à ce point la pointe du compas, l'autre pointe doit suivre dans toute leur étendue les cercles tracés sur l'instrument.

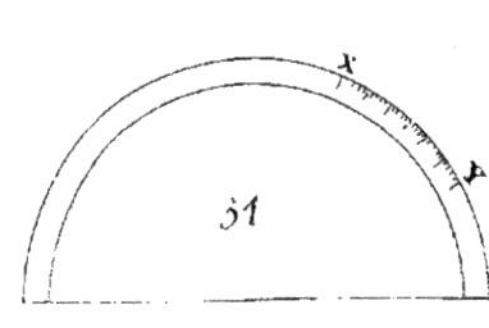

Ensuite on prend avec le compas sur une des circonférences la distance XY, occupée par un certain nombre de degrés, quinze par exemple, et s'assurant que cette distance est bien la même dans toute l'étendue de l'instrument, on est sûr alors que toutes les divisions sont bien égales, comme leur somme est nécessairement 180° puisque la base est un diamètre.

52. — Proposons nous de faire avec le compas un angle égal à un angle donné. L'angle donné, A B. la ligne sur laquelle on doit construire l'autre, du point a comme centre avec un rayon pris à volonté je décris bc, puis du point A avec le même rayon, je décris l'arc B C, puis prenant sur B C une longueur égale à la corde bc. les deux arcs sont égaux, et si l'on joint les points A et C par une droite, l'angle de cette droite et de A B sera l'angle demandé. Il est clair, en effet, que les arcs étant de même rayon et ayant des cordes égales ils seront égaux aussi que les angles auxquels

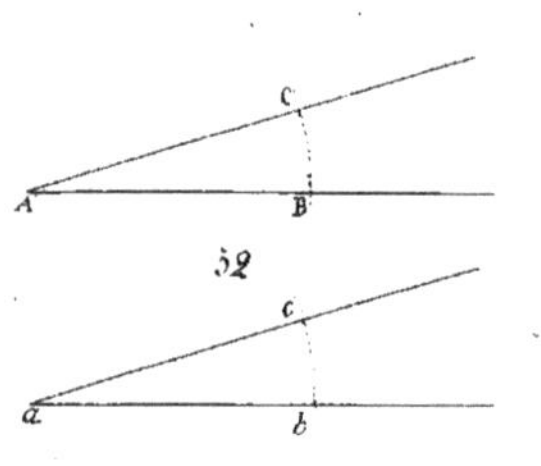

ils servent de mesure.

53. — On emploie encore dans les arts plusieurs instruments propres à reproduire des angles, tels que l'équerre, la fausse équerre, le graphomètre &c.

54. — L'équerre est un instrument auquel on donne plusieurs formes A, B, C, et qui offre un angle droit tout tracé, (l'équerre C est ce qu'on appelle un T), avant d'en faire usage il faut d'abord reconnaître si elle est juste. Pour cela on place l'un

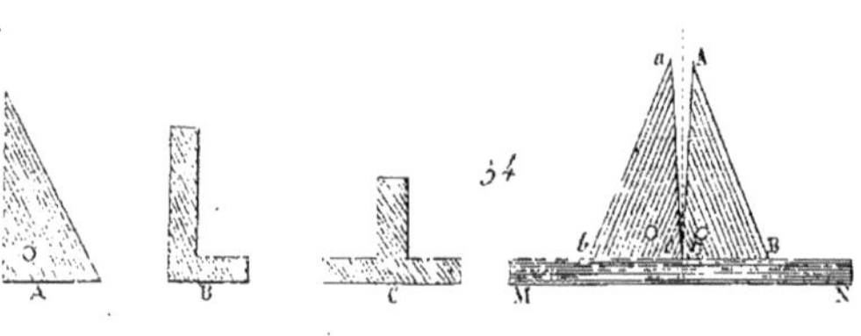

des côtés B C de l'angle droit suivant la ligne M N et on tire la ligne A C. On retourne ensuite l'équerre dans la position a b c et on tire la ligne a c, de manière que les deux points c et C se confondent. Si l'angle C de l'équerre est plus petit que 90° les deux feront moins de 180° et il restera un vide entre les deux traits a c et A C. Si au contraire l'angle est plus grand que 90° les deux feront plus de 180° et les traits avanceront l'un sur l'autre. Il faut donc pour que l'équerre soit juste, que les deux traits ainsi obtenus n'en fassent qu'un seul.

55. —— La fausse équerre est une mesure (ordinairement graduée) qui porte une lame A O qui tourne autour d'un point A et s'ouvre de manière à faire toutes les angles possibles avec le manche A B. On peut ainsi relever l'angle M P N d'une encoignure par exemple, et le rapporter

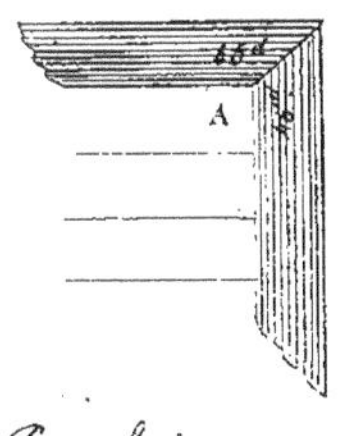

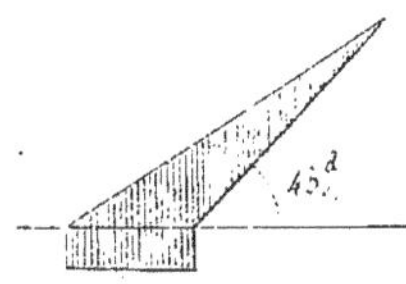

sur la pièce K qui doit être travaillée pour s'y ajuster.

56. —— On appelle encore fausse équerre, un instrument qui donne tout fait l'angle de 45° (moitié d'un droit) cet angle s'emploie souvent dans les arts, par exemple lorsqu'on assemble des pièces de bois à onglet A.

57. —— Pour faire un angle droit sur le terrain, on emploie l'équerre d'arpenteur. c'est un disque en bois monté sur un pied et qui porte quatre pinnules; c'est à dire quatre fils qui, étant vus l'un par l'autre déterminent deux lignes à angle droit A B et C D. Pour la vérifier; après avoir visé l'objet X dans la direction A B et l'objet Y dans la direction C D,

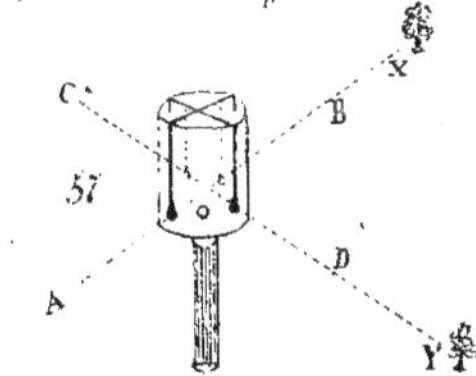

la direction C D, on fait faire à l'instrument un quart de conversion sur lui même, et l'on vise par exemple l'objet X dans la direction C D et l'objet Y dans la direction B A, et comme l'angle B O D ne pouvait être plus petit qu'un droit sans que l'autre angle D O A ne fut plus grand puisque leur somme doit faire deux droits. Il s'en suit qu'on ne pourrait plus voir les deux objets dans la direction des fils puisque l'on aurait remplacé l'angle de leur direction par un plus grand. De même si l'angle B O D était plus grand qu'un droit au lieu d'être plus petit.

58. —— En général, pour mesurer ou pour construire les angles sur le terrain

on emploie le Graphomètre. instrument qui diffère de l'équerre d'arpentage en ce que deux de ses pinnules sont montées sur une broquette qui tourne autour du centre et qu'on appelle Alidade mobile, l'extrémité de cette alidade marque sur une demi circonférence qui est graduée comme un rapporteur, l'angle qu'elle fait avec les lignes des pinnules fixes.

Ainsi pour avoir l'angle des objets X et Y vus du point O, on dirige l'alidade fixe A.B sur l'un d'eux et l'alidade mobile C.D sur l'autre, l'angle BOD que l'on peut lire sur la circonférence graduée, mesure celui des lignes A.B et C.D.

On vérifie la graduation du Graphomètre par le procédé indiqué pour le rapporteur (51).

Exercices. Mesurer des angles avec le rapporteur; construire des angles d'une grandeur donnée, des angles égaux à la somme ou à la différence d'angles donnés.

Construire des angles un certain nombre de fois plus petits ou plus grands qu'un angle donné. Mesurer ou construire des angles sur le terrain au moyen du Graphomètre.

Tracer un cadran d'horloge et une rose des vents.

Chapitre V.
Des Perpendiculaires et des Obliques

59. ____ Une ligne est dite perpendiculaire sur une autre lorsqu'elle fait avec cette autre deux angles droits, ainsi MO est perpendiculaire sur A.B, si les angles MOA et MOB sont droits et pour cela il suffit que l'un d'eux le soit (60.)

60. ____ Par un point O pris sur une droite on ne peut élever qu'une perpendiculaire sur la ligne A.B. En effet si OM est perpendiculaire, l'angle MOB est droit et si une autre ligne telle que ON par exemple, était aussi perpen-

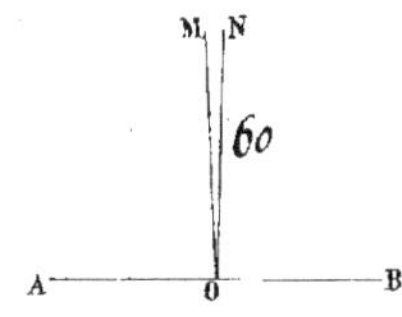

diculaire, l'angle NOB serait aussi droit et il serait par conséquent égal à MOB, en sorte que le tout serait égal à une de ses parties, ce qui est impossible.

61. —— On dit qu'une ligne est oblique à une droite lorsqu'elle fait avec cette droite un angle plus grand ou plus petit qu'un angle droit. Ainsi ON est oblique à AB.

62. —— *Proposition.* —— Deux obliques qui partent du même point d'une perpendiculaire et qui s'écartent également de son pied sont égales.

Pour le prouver soit AO perpendiculaire sur BC, supposons que les distances OB et OC sont égales, je dis que les obliques AB et AC le seront aussi. En effet, si AO est perpendiculaire sur BC, les deux angles AOB et AOC sont égaux comme droits, donc si l'on plie la figure le long de AO, la ligne OC prendra la direction de OB et comme OC = OB, le point C tombera sur le point B, alors les deux lignes AB et AC ayant

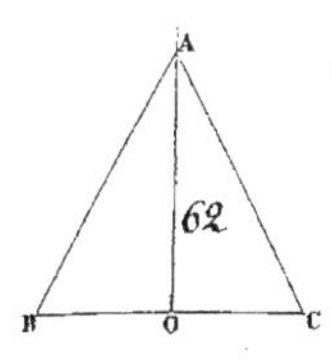

leurs extrémités aux mêmes points, se confondront et seront égales.

63. —— Il résulte de là qu'un point quelconque A, A'A'' de la ligne perpendiculaire sur le milieu de BC est également éloigné des extrémités B et C, puisque si de tous les points on mène des obliques aux points B et C elles seront égales deux à deux.

64. —— Il suit de là pareillement que d'un point pris hors d'une droite on ne peut mener qu'une seule perpendiculaire à cette droite, puisque si une droite A, A'A'' perpendiculaire sur BC a un de ses points, A, également distant de deux points B et C une sur cette droite, tout autre point A'A'' de cette perpendiculaire devra être également distant de B et de C, ce qui ne peut

convenir qu'à une seule ligne.

65 ___ c Réciproquement si deux obliques qui partent du même point d'une droite perpendiculaire sur une autre sont égales entr'elles, elles s'écarteront également du pied de cette perpendiculaire.

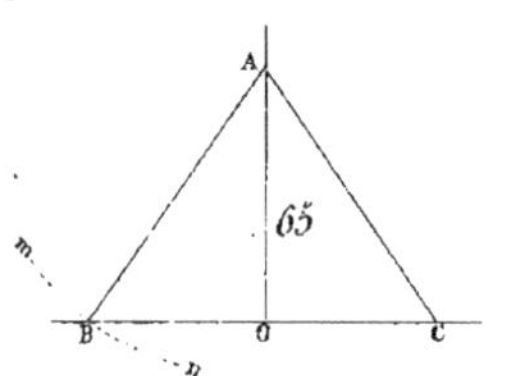

Pour le prouver soit AO perpendiculaire sur BC. Si du point A on mène les obliques égales AB et AC, je dis que les distances OB et OC seront aussi égales.

Pour le prouver, supposons que la figure soit ployée suivant AO, OC prendra la direction de OB, puisque les angles O sont égaux.

Du point A comme centre et d'un rayon égal à AC décrivons un arc m n, cet arc coupera la ligne BC au point B puisque A.C = AB et le point C qui doit être à la fois sur cet arc et sur la ligne B.C se confondra avec le point B. Donc OC = OB. donc &c.ᵃ

66 ___ Il suit de là que tout point pris hors de la perpendiculaire sera inégalement éloigné des extrémités B et C.

En effet soit un point quelconque P hors de la perpendiculaire élevée sur le milieu de BC, si par ce point P on mène les lignes PB et PC et si par le point A où la ligne PB coupe la perpendiculaire, on mène A.C on aura AC = AB, et comme la ligne droite est le plus court chemin d'un point à un autre on aura aussi PC < AC + AP d'où l'on tire à cause de l'égalité précédente en remplaçant AC par son égale BA. PC < PA

+ AB ou PC < PB. ce qu'il faut démontrer ___

67. ___ D'après cela pour élever au moyen du compas une perpendiculaire sur le milieu de AB du point A comme centre et avec une ouverture de compas arbitraire mais plus grande que la moitié de A.B, on décrit deux arcs de cercle M.N, m n. l'un au dessus, l'autre au dessous de A.B, puis du point B on décrit avec la même ouverture de compas deux autres arcs OP, op, qui coupent les premiers aux points D et C, ces deux points déterminent la ligne CD qui sera perpendiculaire puisqu'elle aura deux points également de A à B.

68. — On peut employer ce procédé pour diviser une ligne en deux parties égales.

69. — Si le point où l'on veut que la perpendiculaire coupe AB n'étant pas au milieu de AB s'il était en O par exemple, on prendrait des deux côtés du point O deux points K et L également éloignés et l'on opérerait à ces points comme précédemment.

70. — D'un point donné A pris hors d'une droite MN, pour abaisser une perpendiculaire sur cette droite, de ce point et avec une ouverture de compas plus grande que la plus courte distance entre ce point et la ligne, on décrira un arc BC, et des points B, C où cet arc rencontre la ligne, on décrira d'un rayon arbitraire deux arcs de cercle qui se coupent au point P. D'après cette construction les points A et P appartiendront à la perpendiculaire menée sur le milieu de BC, puisqu'ils sont tous deux à égale distance des points B et C. Joignant donc AP on aura la perpendiculaire demandée.

71. — On peut au moyen de l'équerre élever une perpendiculaire en un point O d'une droite MN, puisqu'il suffit pour cela d'appliquer un des côtés AB de l'angle droit de l'équerre sur la ligne MN, l'autre côté BC donnera évidemment la perpendiculaire.

72. — On peut encore appliquer le grand côté de l'équerre le long de la ligne donnée MN dans la position ABC, puis appliquant une règle suivant l'un des côtés AB de l'angle droit faire tourner l'équerre autour du sommet B de l'angle droit, de manière que toute l'équerre ait tourné sur elle-même de la valeur d'un angle droit, alors le côté AC viendra en ac perpendiculairement à son ancienne direction qui

clair suivant MN.

L'avantage de cette méthode consiste en ce que la ligne AC ainsi obtenue s'étend des deux côtés de la ligne MN, ce qui est souvent commode dans la pratique.

73. — **Proposition.** La ligne menée d'un point perpendiculairement à une droite est plus courte que toutes les obliques menées de ce point à cette droite. Soit pour le

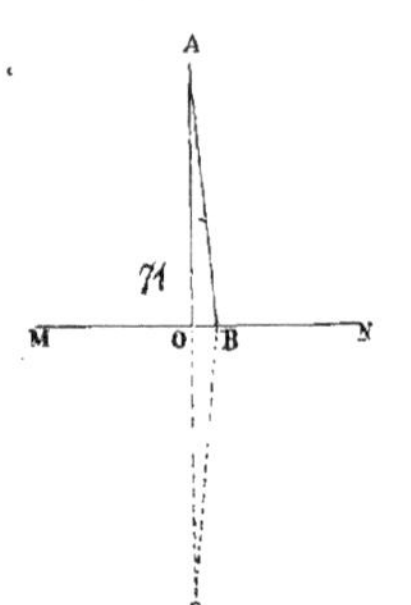

prouver AO perpendiculaire et AB oblique sur MN, je dis que AB sera plus grand que AO. En effet si je prolonge la perpendiculaire AO d'une quantité OC égale à AO, et si je joins BC, cette ligne sera égale à AB comme oblique s'écartant également du pied O de la perpendiculaire NO. On aura donc AC < AB+BC; mais comme AO = OC et AB = BC on pourra mettre cette égalité sous cette forme 2AO < 2AB, d'où en prenant la moitié de part et d'autre AO < AB.

Exercices. Mener des perpendiculaires sur le papier ou sur le terrain.

Chapitre VI.
Des Parallèles.

74. — On appelle Parallèles les droites qui ne peuvent se rencontrer à quelque distance qu'on les suppose prolongées.

75. — Deux droites perpendiculaires à une troisième sont parallèles. En effet si les droites AB et CD perpendiculaires à EF pouvaient se rencontrer en un point, de ce point on pourrait abaisser deux perpendiculaires sur une droite, ce qui est impossible.

Cette troisième droite EF qui coupe deux parallèles prend le nom de Sécante.

76. — On admet comme chose évidente que si la sécante EF au lieu de couper à angle

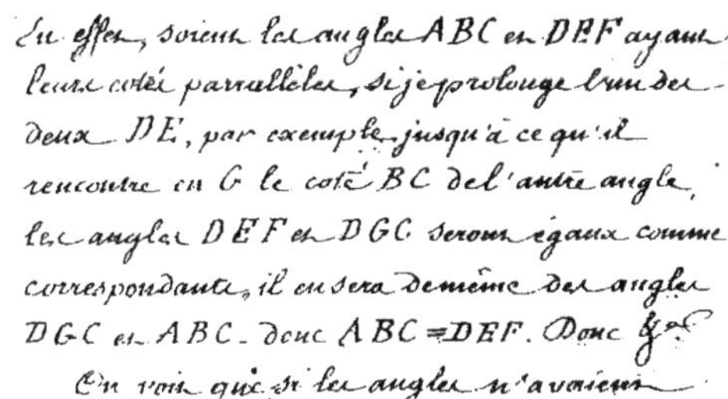

76

droit les deux parallèles A B et C D, ces angles seront égaux

77 —— Les angles EGB & GHD qui sont égaux d'après la supposition précédente sont appelés angles correspondans, comme étant situés d'une manière analogue, tous deux du même côté de la sécante en ayant leur ouverture tournée du même côté; il en est de même des angles BGH et DHF. La supposition précédente s'énonce donc ordinairement en disant que lorsque deux droites parallèles sont coupées par une sécante les angles correspondans sont égaux.

78 —— Réciproquement; Lorsque les angles correspondans sont égaux, les deux droites sont parallèles, toujours d'après la supposition

79 —— Les angles tels que BGH et GHD qui sont situés d'un même côté de la sécante en outre les parallèles sont dits internes du même côté. Il est clair que les angles sont supplémens l'un de l'autre puisque BGH est le supplément de EGB, égal à GHD comme correspondans.

80 —— On appelle alternes internes les angles situés entre les parallèles de différens côtés de la sécante et qui ont leur ouverture tournée de côté opposé tels que AGH et GHD, ces angles sont égaux puisque AGH est opposé au sommet à EGB, égal à GHD comme correspondans

81. —— Les angles qui ont leurs côtés parallèles et leurs ouverture tournées du même côté sont égaux.

81

En effet, soient les angles ABC et DEF ayant leurs côtés parallèles, si je prolonge l'un des deux DE, par exemple, jusqu'à ce qu'il rencontre en G le côté BC de l'autre angle, les angles DEF et DGC seront égaux comme correspondans, il en sera de même des angles DGC et ABC. donc ABC = DEF. Donc &c.

On voit que si les angles n'avaient pas leur ouverture tournée du même côté, au lieu d'être égaux, ils seraient simplement supplémentaires comme ABC et FEG, puisque FEG étant supplémentaire de DEF le sera aussi de son égal ABC

82. _____ Deux angles qui ont leurs côtés perpendiculaires sont égaux s'ils sont de même espèce, ou supplémentaires s'ils sont d'espèce différente.

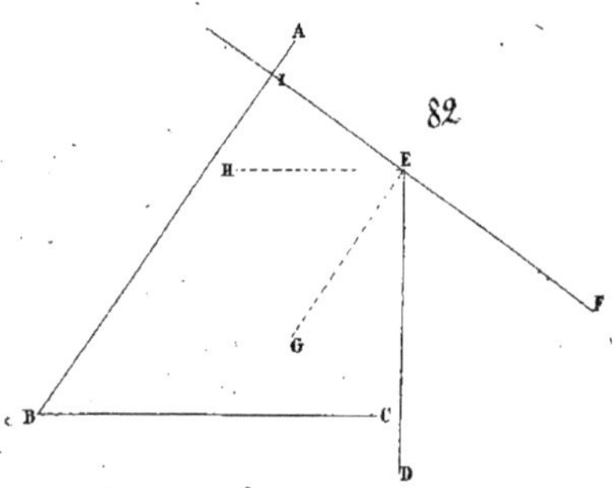

Pour le prouver soient les angles ABC et DEF tels que le côté EF soit perpendiculaire sur AB, et le côté ED perpendiculaire sur BC, je dis que ces angles sont égaux ; en effet, si par le point E sommet de l'un des angles, je mène EH perpendiculaire sur ED et EG perpendiculaire sur EF, les angles GEH et ABC seront égaux puisque leurs côtés étant deux à deux perpendiculaires à une même ligne sont parallèles. D'un autre côté les angles DEF et GEH sont aussi égaux ; car si au premier on ajoute l'angle DEG on aura l'angle droit FEG, si au second on ajoute le même angle DEG on aura pareillement l'angle droit DEH. Ces deux angles sont donc égaux, donc aussi les angles ABC et DEF étant chacun égal à un troisième GEH seront égaux entr'eux.

Si au lieu de l'angle DEF on comparait à ABC le second angle DEF formé par la même ligne que le précédent, cet angle étant le supplément de DEF, sera aussi le supplément de son égal ABC. &c.

83 _____ Pour mener par un point donné une parallèle à une droite, de ce point donné C on peut abaisser sur la droite donnée AB la perpendiculaire à CA, puis menant CD perpendiculaire à CA, CD sera parallèle à AB, puisque ces deux droites sont perpendiculaires à une troisième CA

84 _____ On peut encore, après avoir mené CA perpendiculaire à AB, en un point M de cette droite élever une deuxième perpendiculaire MP, prendre à partir du point M, MN égal à CA : joignant CD on aura la parallèle demandée à AB, puisque CD a deux points C et N à égale distance de AB

85 _____ Cette dernière construction fournit aisément le moyen de mener à une distance donnée une parallèle à une droite donnée en portant sur la perpendiculaire MP, MN égale à la distance donnée et menant CD perpendiculaire en N à la droite MP.

86. —— Pour mener des parallèles au moyen de l'équerre, on placera l'équerre de manière que l'un de ses côtés soit dirigé suivant la droite donnée AB, puis appliquant une règle PQ suivant un autre côté MO et faisant glisser l'équerre le long de la règle dans toutes les positions que prendra le côté MN, on aura autant de parallèles puisque l'angle NMO de l'équerre étant partout le même avec la règle PQ, les angles correspondants sont égaux.

87. —— On peut encore faire usage du même principe en menant par le point i une ligne quelconque CD oblique à AB, puis faisant au moyen de la construction connue (52) un angle MCD = ADC, CM sera parallèle à AB.

88. —— Presque tous les tracés géométriques exigent un emploi fréquent des parallèles et des perpendiculaires, aussi les personnes qui dessinent habituellement se procurent-elles un moyen expéditif de tracer ces sortes de lignes. Pour cela on emploie avec avantage la planchette, c'est un petit tableau ABCD dont tous les côtés sont bien exactement perpendiculaires l'un sur l'autre, et que l'on a soin de vérifier (54). On emploie ensuite une équerre en T dont la branche MN est plus épaisse que la branche KL. Par ce moyen lorsque KL porte sur le papier qui est fixé invariablement sur la planchette, la branche MN peut être dirigée suivant le bord AB de la planchette, et faisant glisser MN le long de AB dans toutes les positions de l'équerre,

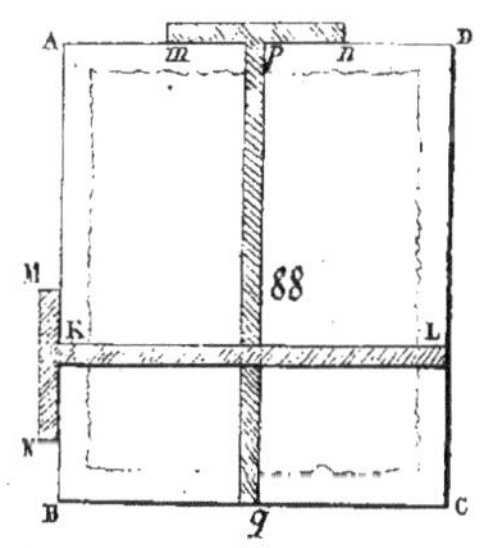

les lignes formées par KL seront perpendiculaires à AB et par suite parallèles. Portant ensuite le T le long de AD de manière que MN soit dirigé suivant AB, les lignes pq seront aussi parallèles entr'elles et en outre perpendiculaires l'une sur l'autre puisque dans cette construction tous les angles sont droits comme correspondants.

Exercices —— Mener par des points donnés ou à des distances données des droites parallèles à une droite donnée.

Au moyen des parallèles et des perpendiculaires on peut faire un grand nombre de tracé géométriques. Ainsi dans toutes les constructions régulières les appartements sont terminés par des lignes parallèles deux à deux, et perpendiculaires les unes aux autres. La plupart des boiseries ordinaires, les fenêtres et les portes &c, sont terminées par des lignes parallèles et perpendiculaires les unes aux autres.

Chapitre VII.
De la Verticale et de l'horizontale.

89 — On appelle Verticale la direction suivant laquelle les corps pesants tombent vers la terre, ou encore la direction que prend un fil à plomb.

90. — On appelle horizontale, ou ligne de niveau, celle qui est perpendiculaire à la première, ou encore parallèle à la direction des eaux tranquilles.

91. — D'après cela dans un même lieu de la terre les verticales sont parallèles ainsi que les horizontales. Nous disons dans un même lieu de la terre, parceque si l'on embrassait une grande distance, cela n'aurait pas lieu puisque la surface des mers est ronde comme celle de la terre.

92. — Les lignes verticales et horizontales étant très faciles à tracer, on les emploie souvent dans les arts pour mener des parallèles. Elles sont aussi fort importantes par leur usage. Ainsi, la verticale donne la direction que doit avoir un pilier ou une colonne, l'horizontale donne la direction que doit avoir une assise de pierres pour ne pencher ni d'un côté ni de l'autre.

93 — Pour tracer une verticale on se sert d'un fil à plomb, soit seul comme PQ, soit fixé à un instrument comme MN.

On s'assure alors que les côtés AB et CD de l'instrument sont bien parallèles à la ligne de repère MN sur laquelle doit battre le fil à plomb; lorsque le fil s'applique précisément sur le repère, on est alors certain que les côtés de l'instrument donnent des lignes verticales.

94. — Pour tracer une ligne horizontale pour les petites longueurs on se sert d'un niveau c'est un instrument porté sur deux pieds A et B dont la partie inférieure est en ligne droite. On en construisant l'instrument de telle sorte que MA soit égal à MB et traçant la ligne de repère MN de manière à ce qu'elle passe par

le milieu de AB ou de la parallèle a b, MN sera une perpendiculaire a AB, ou par suite lorsque le fil à plomb sera dirigé suivant MN, AB sera une ligne horizontale.

On voit que dans la construction de l'instrument il suffit que a b soit parallèle à AB et que l'on ait a N = b N et M a = M b.

95. — Pour vérifier un niveau, on règle la hauteur des pieds A et B de manière que le fil à plomb MN tombe sur son repère N. Si l'instrument est inexact et

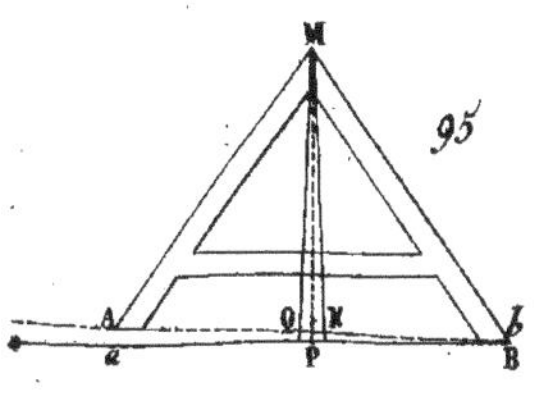

si le véritable repère doit être la ligne M.P. alors le niveau marqué par la ligne des pieds AB qui est perpendiculaire à MP, diffère du véritable niveau B a perpendiculaire au fil à plomb MN. Si donc on retourne l'instrument de manière que les pieds changent de place l'un pour l'autre, ce sera comme si le pied A descendait en a ou si le pied B montait de B b = A a. Et alors la ligne MN passerait en M Q de l'autre côté de MP. On voit donc que pour que l'instrument soit juste, il faut qu'après le retournement le plomb batte sur la même ligne qu'auparavant. En effet, si la ligne à plomb est bien perpendiculaire sur la ligne des pieds, peu importe qu'on mette l'un à droite ou à gauche.

96. — L'angle PMN dont la ligne du fil à plomb MN diffère avec le véritable repère

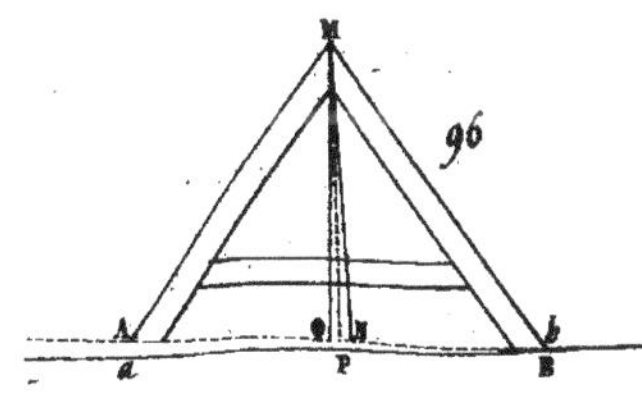

MP donne exactement la mesure de l'angle AB dont le niveau est en erreur puisque ces angles ont leurs côtés perpendiculaires. Si donc par le retournement on répète cette même erreur de l'autre côté en M Q en prenant la moitié de l'angle N M Q tracé sur l'instrument par les deux positions du fil à plomb, on aura la véritable position de la ligne de repère.

97. — On pourrait par ce moyen construire un niveau qui donnerait au terrain une pente donnée, ou encore qui mesurerait la pente d'un terrain donné. Pour cela

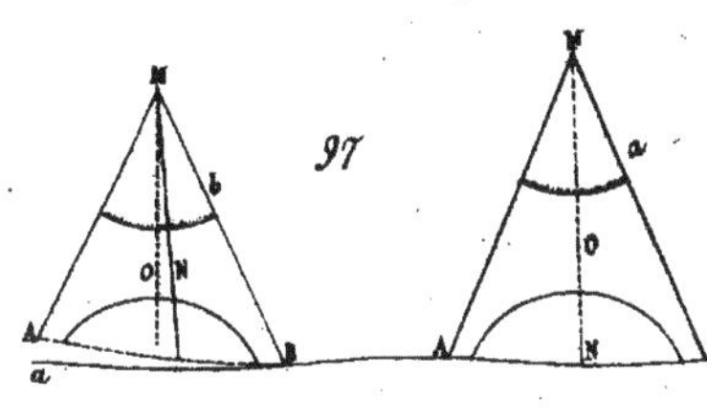

on tracerait du point M comme centre (fig. a) un arc gradué dont le zéro serait au point de rencontre de cet arc avec la perpendiculaire M N sur le milieu de AB. Le nombre de degrés O N marqué sur cet instrument par la verticale MN (fig. b) donnerait l'angle AB a de la ligne des pieds AB avec l'horizontale.

98. _______ Pour opérer sur le terrain, on se sert du niveau d'eau. C'est un tuyau terminé par deux fioles transparentes. Plaçant l'œil de manière à ce que le niveau de l'eau se corresponde, on a une ligne de niveau.

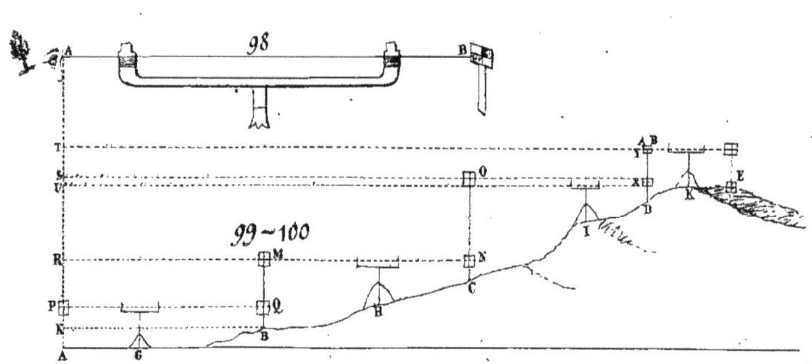

99 _______ Au moyen de ces instruments on peut avoir la différence de niveau de deux points A B, pour cela, l'ayant placé commodément on observe sur une mesure graduée qu'on appelle une mire, les hauteurs AP et BQ dont la différence AN donne la hauteur du point B au dessus du point A.

100. _______ S'il s'agissait de deux points trop différents pour qu'un même coup de niveau pût y atteindre, alors on porte successivement l'instrument aux points G,H,I,K, la mire aux points A B,C,D,E, et l'on voit que les différences de hauteurs observées en chacune des stations B,C,D,E étant successivement ajoutées donneront en vertu du parallélisme, les hauteurs PR=QM, RS=NO, ST=XY et qu'enfin de AT retranchant la hauteur TU observée au point E on aura la hauteur AU de ce point au dessus du point A.

101. _______ On peut encore, à défaut de niveau tracer une horizontale au moyen d'un fil à plomb et d'une équerre, car en dirigeant la branche AB de l'équerre suivant la ligne tracée par le fil à plomb, l'autre branche BC donnera évidemment une horizontale.

Exercices. Tracer des verticales et des horizontales exécutées sur le terrain des nivellements.

Figurer sur le papier des piliers verticaux et des assises de pierres horizontales.

Chapitre VIII.

Des lignes considérées dans le Cercle.

102 —— On appelle sécante d'un cercle une ligne qui le coupe en deux parties, comme la ligne AB, en sorte que toute corde prolongée est une sécante. L'on appelle tangente une ligne qui comme CD ne fait que toucher la circonférence sans entrer dans le cercle.

103 —— Il suit de là 1° que la tangente ne rencontre la circonférence qu'en un seul point. En effet si elle la rencontrait en deux points A et B, menant du centre O les lignes OA et OB, elles seraient égales puisque ce sont deux rayons; on pourrait donc mener entr'elles la perpendiculaire OM qui serait plus courte que ces rayons; la tangente entrerait donc dans le cercle, ce qui est contre la définition.

Donc la tangente ne rencontre la circonférence qu'en un seul point. Ce point s'appelle le point de tangence ou de contact.

104 —— Il suit de là 2° que le rayon OM mené au point de tangence M est la ligne la plus courte que l'on puisse mener du centre à la droite AB puisque toute autre ligne ON allant aboutir à un point situé hors du cercle serait plus grande que le rayon OP = OM. Or la ligne la plus courte que l'on puisse mener d'un point à une droite est la perpendiculaire à cette droite; Donc la tangente est perpendiculaire à l'extrémité du rayon qui passe par le point de contact.

105 —— Par conséquent pour mener une tangente par un point d'un cercle dont le centre est en O, on mènera le rayon OM puis AB perpendiculaire en M sur la ligne OM.

106 —— De même, si l'on a la ligne AB toute tracée et s'il faut déterminer exactement le point de tangence, on y parviendra en menant du centre O une perpendiculaire OM sur AB et le point M sera le point de tangence.

107 —— La perpendiculaire élevée sur le milieu d'une corde passe par le centre du cercle et par le milieu de l'arc sous-tendu par cette corde.

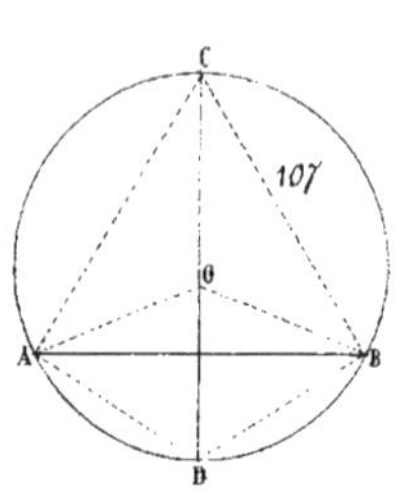

Pour le prouver, soit une corde quelconque AB tracée dans un cercle. 1° Je dis que la perpendiculaire CD élevée sur le milieu de cette corde passe par le centre O du cercle, en effet, la perpendiculaire sur le milieu d'une ligne AB renferme tous les points qui sont à égale distance de ses extrémités A et B, or A et B étant en même temps deux points de la circonférence sont à égale distance du centre, le centre est donc un des points de la perpendiculaire.

2° Je dis que la perpendiculaire partage en deux parties égales l'arc sous-tendu AB. En effet, soit D le point où elle rencontre cet arc; le point appartenant à la perpendiculaire, si on mène les lignes AD et DB elles seront égales d'après ce qui vient d'être dit, or ces lignes sont les cordes des arcs AD et BD, et comme dans un même cercle les cordes égales sous-tendent des arcs égaux, les arcs AD et BD sont égaux, donc le point D est le milieu de l'arc AB, donc &c.

La même démonstration s'applique au point C qui est le milieu de l'arc ABC.

108. —— Il suit de là que si l'on a une série de cordes parallèles AB, CD, EF, &c.

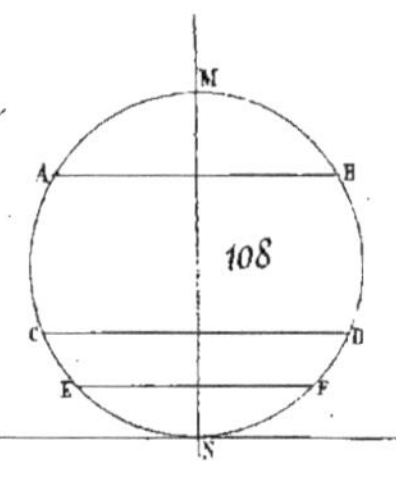

1° Toutes les perpendiculaires sur le milieu de ces cordes seront parallèles puisque les cordes le sont, de plus elles doivent toutes passer par le centre O. Elles se confondront donc toutes dans le diamètre MN perpendiculaire à ces cordes.

2° Si l'on suppose une tangente GH également parallèle aux cordes, le même diamètre lui sera perpendiculaire au point de tangence.

109. —— Il suit de là pareillement que des cordes parallèles interceptent des arcs égaux. C'est à dire que si les cordes AB et CD sont parallèles, les arcs AC et DB seront égaux, en effet les cordes étant parallèles, si on mène le rayon OM perpendiculaire à l'une d'elles, il le sera sur toutes les deux et le point M sera le milieu des arcs AB et CD. Si donc des arcs MA et MB qui sont égaux on retranche respectivement les arcs MC et MD qui le sont aussi, les arcs restans AC et BD seront égaux. Donc &c.

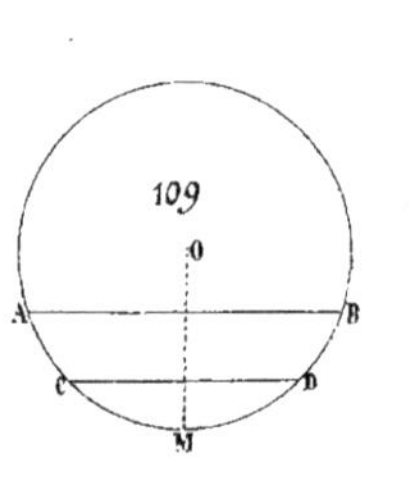

Cette propriété peut fournir un nouveau moyen de mener une parallèle à une droite donnée.

110. —— Problème. Diviser un angle donné en deux parties égales.

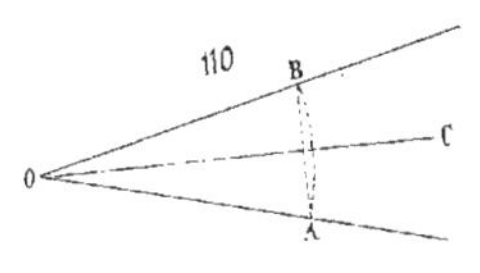

Soit AOB l'angle donné; du sommet O comme centre et avec un rayon quelconque je décris l'arc AB, il sera la mesure de l'angle O. (37) Si maintenant je joins AB et si sur le milieu de cette corde j'élève une perpendiculaire OC elle passera par le centre O et par le milieu de l'arc (107) elle partagera donc l'arc et par suite l'angle donné en deux parties égales.

111. ———— **Problème.** Par trois points donnés faire passer une circonférence de cercle.

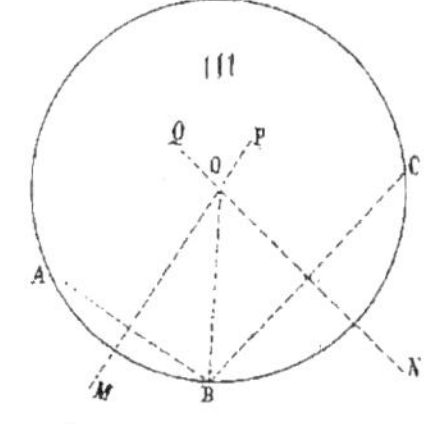

Soient A, B et C les trois points donnés, si je mène les lignes AB et BC, ce seront des cordes de la circonférence cherchée, et si par le milieu de ces cordes je mène les perpendiculaires MP et NQ toutes deux devront contenir le centre (107) il sera donc au point de rencontre O. Maintenant du point O et avec un rayon égal à OA je décris une circonférence, elle passera par le point B puisque OA et OB sont deux obliques égales à l'égard de la perpendiculaire OM, et elle passera aussi par le point C puisque OB et OC sont aussi deux lignes égales à l'égard de la perpendiculaire ON.

Il faut remarquer que cette construction exige que les perpendiculaires se rencontrent; si donc elles étaient parallèles il n'y aurait pas de solution possible; or pour que les droites soient parallèles il faut que les lignes AB et BC le soient elles mêmes, c'est à dire qu'elles forment une seule ligne droite, si donc les points donnés A B et C sont en ligne droite, le problème est impossible.

112. ———— 3°. Cette solution peut servir à trouver le centre et la grandeur du rayon d'un arc donné puisqu'il suffit alors de prendre trois points sur cet arc et d'y appliquer la construction précédente.

113. ———— **Problème** Construire une circonférence passant par un point donné et touchant une droite donnée en un point aussi donné.

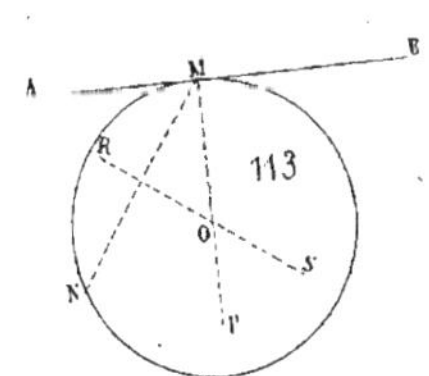

Soit AB la droite donnée, M le point de tangence donné, N l'autre point aussi donné. Au point M j'élève la perpendiculaire MP elle passera par le centre, puis joignant MN et élevant la perpendiculaire RS sur le milieu de MN, elle passera aussi par le centre. Il sera donc au point de rencontre O de ces deux perpendiculaires.

Exercices Par un point d'une circonférence mener une tangente et résoudre graphiquement les problèmes précédents.

Chapitre IX.
Des Cercles Tangents.

114. _______ Deux cercles sont tangents en un point, lorsqu'en ce point ils sont tous deux tangents à la même droite comme le sont tous les cercles décrits d'un point quelconque A B C &c. de la perpendiculaire MN, sur la ligne PQ avec les rayons AM, BM, CM. &c. et qui tous sont tangents à la droite PQ.

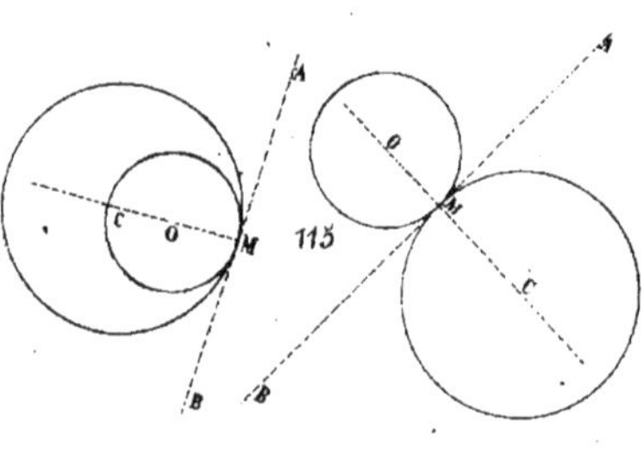

115. _______ Il suit de là que lorsque deux cercles sont tangents les deux centres et le point de contact sont en ligne droite. En effet si AB est la tangente commune et M le point de contact, les lignes CM et OM qui renferment les centres C et O seront perpendiculaires en un même point M de la droite AB, elles formeront donc une seule ligne droite. L'on voit que si les cercles sont l'un dans l'autre, la distance des deux centres sera la différence des rayons tandis que si les cercles sont extérieurs l'un à l'autre, la distance sera égale à la somme des rayons.

116. _______ Deux cercles tangents n'ont de commun que le seul point de tangence.

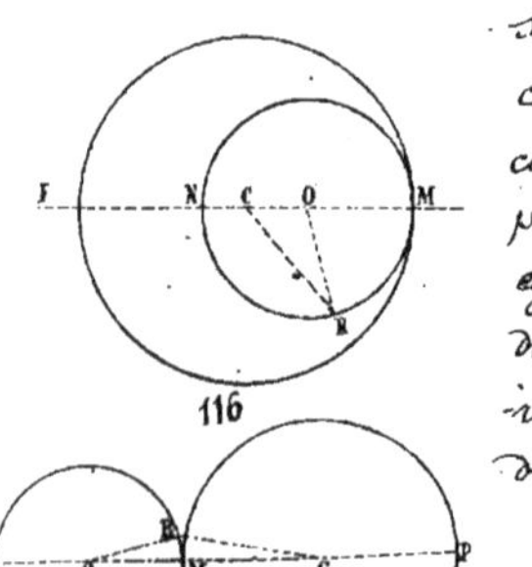

Pour le prouver soient les cercles MN et MP dont les centres sont aux points O et C en ligne droite avec le point de contact M. Soit un point quelconque R de la petite circonférence, menons OR et CR, la ligne droite CR sera plus courte que CO + OR; or, CO + OR est précisément égal à CO + OM ou CM rayon de la grande circonférence donc le point R se trouve à l'intérieur de cette circonférence. Or cela est vrai pour tous les points à l'exception du seul point M où elles se touchent. Donc &c.

Si les cercles se touchaient extérieurement, en opérant comme précédemment on aurait CR + OR > CO d'où retranchant de part et d'autre OR = OM, il viendrait CR > CM, donc le point R est en dehors de la circonférence CM. Donc

117. — On fait dans les arts un fréquent usage des cercles tangents pour faire des raccordements. Raccorder des lignes, c'est les unir par une 3.e qui soit tangente aux deux autres, de manière que l'ensemble d'un tracé ne présente ni coudes ni jarrets, c'est à dire ni parties anguleuses, ni parties aplaties.

Les problèmes suivants renferment la plupart des questions relatives aux raccordements.

118. — **Problème** — Par un point donné d'un cercle donné mener un arc tangent qui passe par un autre point donné.

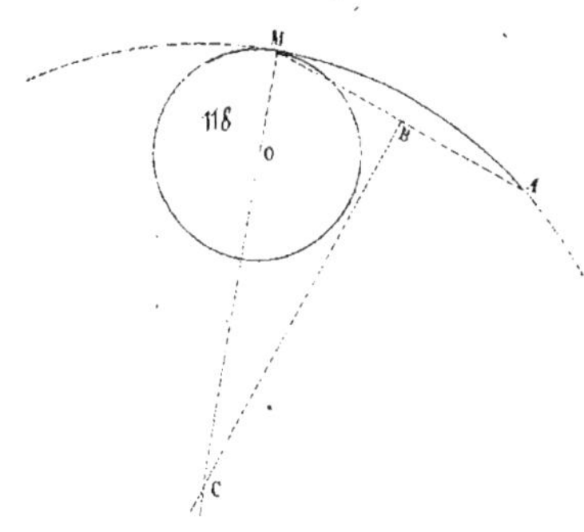

Soit M le point donné du cercle dont le centre est en O, soit A le point par où l'arc doit passer. Je tire MO et MA et au point B milieu de MA j'élève une perpendiculaire qui rencontre en C la ligne MO, le point C sera le centre de l'arc demandé et CM le rayon. En effet les points A et M appartiennent tous deux à l'arc demandé AM sera une corde, et BC perpendiculaire sur le milieu de AM passera par le centre. D'un autre côté, puisque le cercle doit être tangent, en M, le centre sera aussi sur MO prolongée s'il est nécessaire. Il sera donc en C, en sorte que l'arc décrit du point C comme centre avec le rayon CM sera tangent en M au cercle et passant en A, car CM et CA sont deux obliques égales par rapport à la perpendiculaire CB. Il sera donc l'arc demandé.

119. — **Problème** — Mener un cercle tangent à la fois à un cercle donné et à une droite donnée.

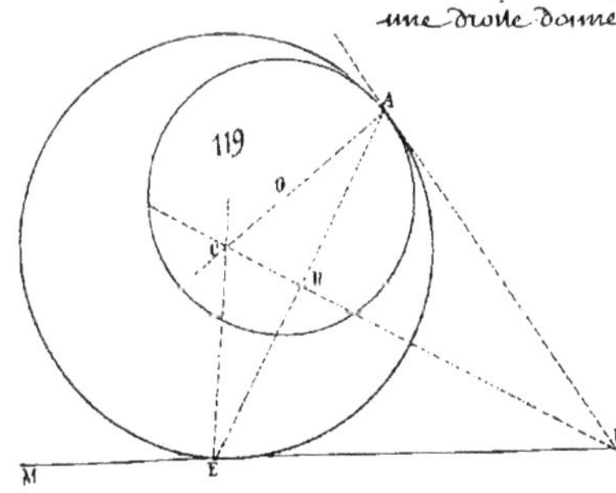

Cette question peut être posée de deux manières selon que le point de contact est déterminé d'avance soit avec le cercle, soit avec la droite. Supposons d'abord qu'il soit déterminé sur le cercle. Soit O le centre du cercle donné, A le point de tangence, MN la droite donnée, je mène en A la tangente AD qui rencontre en D la droite MN, je prends DE = AD et je tire AE, puis sur cette droite abaissant DB perpendiculaire, le point de rencontre C avec AO donnera le centre de l'arc cherché et le point E sera le point de tangence. En effet si l'on plie la figure suivant DB le point A viendra en E (62) et CA viendra suivant une droite CE qui joindrait les points C et E, de plus on aurait CA = CE, et comme l'angle CAD est droit, CED sera aussi droit, c'est à dire que le cercle décrit du point C comme centre avec CA pour rayon sera à la fois tangent en A au cercle et en E à la droite donnée.

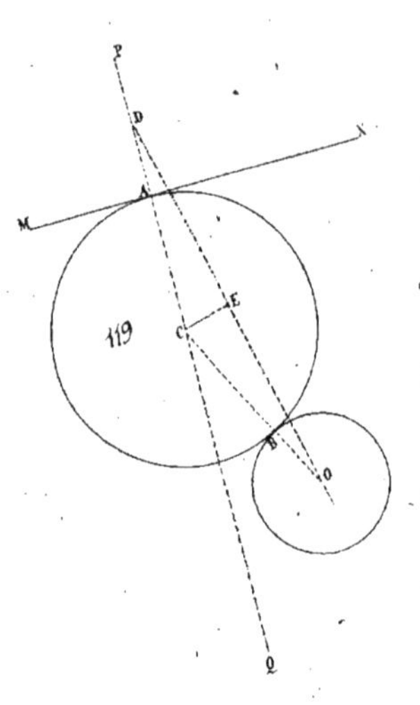

Supposons maintenant que le point de contact soit fixé sur la droite. Soit MN la droite donnée, A le point de contact, O le centre du cercle donné. Au point A j'élève la perpendiculaire PQ sur laquelle je porte de l'autre côté du cercle une distance AD égale au rayon du cercle O, puis je joins OD et sur le milieu de cette ligne j'élève la perpendiculaire CF qui rencontre en C la perpendiculaire PQ. Le point C sera le centre et CA le rayon. En effet si je joins CO qui rencontre en B le cercle O, les obliques CO et CD sont égales. Retranchant de part et d'autre les longueurs égales AD et BO il restera CA=CB. Le cercle décrit du point C avec CA passera donc en B. D'ailleurs il est tangent aux deux points, il sera donc le cercle demandé.

120. ___ *Problème* ___ Mener un cercle tangent en un point donné d'un cercle, en touchant un autre cercle donné.

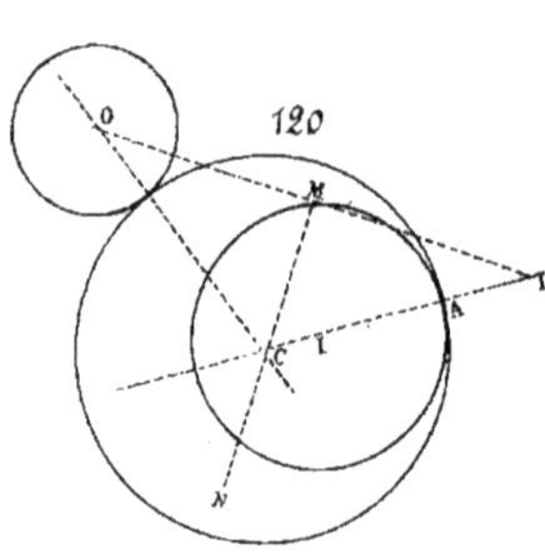

Soit I le centre et A le point donné de la circonférence de l'un des cercles, O l'autre cercle. Je joins AI que je prolonge, puis à partir du point A je porte en dehors AD, égale au rayon du cercle O. Je joins ensuite OD et sur le milieu de cette ligne j'élève la perpendiculaire MN qui rencontre AI au point C qui sera le centre du cercle cherché. La raison en est la même qu'au problème précédent.

121. ___ Mener un cercle d'un rayon donné tangent à deux droites données.

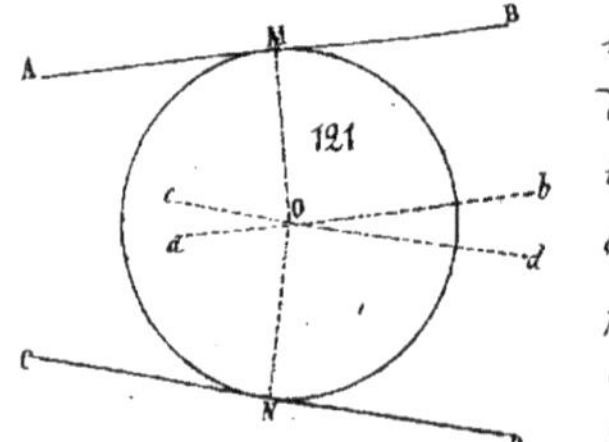

Soient AB et CD les deux droites, je leur mène des parallèles a b et c d à une distance de chacune d'elles égale au rayon donné, et leur point de rencontre O sera le centre du cercle. En effet, si de ce point on abaisse les perpendiculaires OM et ON, elles seront toutes deux égales au rayon du cercle; il sera donc tangent en M et en N.

122. — Le raccordement sous-tension employé. Dans les moulures en architecture le Talon (1) et la doucine (2) sont deux moulures dont la saillie AM égale la hauteur MC et qui se composent de deux quarts de circonférences, dont l'une CB présente sa concavité et l'autre BA sa convexité; le centre des quarts de cercle est pour le Talon au milieu des distances horizontales AM et CN, et pour la doucine au milieu des distances verticales AN et CM. On voit que les arcs sont tangents en B.

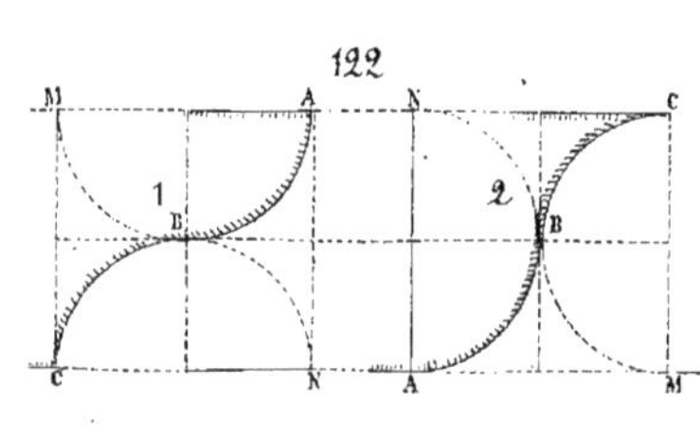

123. — On donne souvent à la doucine plus de saillie que de hauteur et même aussi quelquefois plus d'étendue à l'arc concave BC qu'à l'arc convexe AB, pour la tracer alors, la saillie MC étant donnée ainsi que la hauteur AM, on joint AC que l'on partage à volonté en deux parties égales ou inégales en B. Puis sur le milieu de AB et de BC élevant les perpendiculaires DG et IH qui rencontreront en G et en H les perpendiculaires élevées en A et en C, les points G et H seront les centres des arcs. En effet les arcs seront tangents en A et en C aux lignes MC et NA.

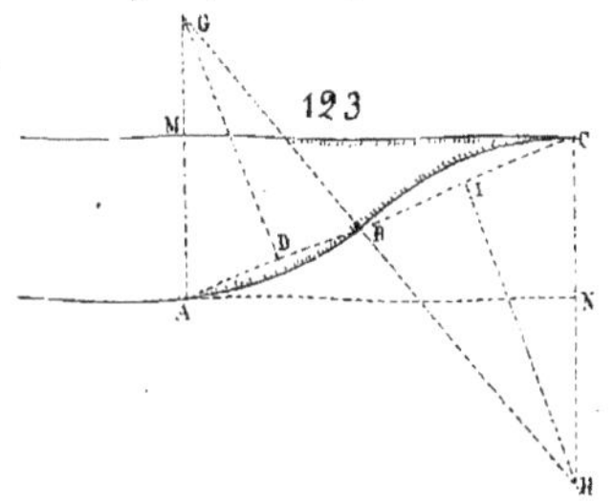

D'ailleurs les droites GA et GB d'une part, et de l'autre HB et HC seront égales comme obliques s'écartant également du pied de la perpendiculaire. Enfin les figures GAD et GBD étant superposables (62) l'angle GAD sera égal à l'angle GBD; de même HBI sera égal à HCI, mais GAD et HCI sont égaux comme correspondants, GBD et HBI sont donc aussi égaux et comme la ligne ABC est droite, la ligne GBH le sera aussi. C'est-à-dire que le point B est sur la ligne des centres et est par conséquent le point de tangence des deux arcs.

124. — Une autre moulure fréquemment employée est la Scotie, elle se compose de deux quarts de cercle ordinairement inégaux et qui présentent leur concavité du même côté. L'un AB a son centre en O et est tangent en A à la droite DA, tandis que le second BF a son centre en C et est tangent en F à la droite EF. Pour que les deux arcs se raccordent on voit que les deux centres C et O doivent être sur une même ligne avec le point B, et comme on a $BC=CF=BE$ et $BO=OA=BD$, on voit

que la ligne BC doit être fixée de telle manière que la différence des lignes DB et BE
soit égale à OC, ou ce qui revient au même à CF différence des saillies du haut et du
bas. Si donc les points A et F sont donnés on mènera les perpendiculaires FC et AO
qui doivent contenir les centres, puis portant CF de F en H on partagera le reste
en deux parties égales en B, d'où tirant BOC parallèle à DA et à EF on aura le
centre O et C des arcs cherchés.

125. _______ Tracé d'une Volute.

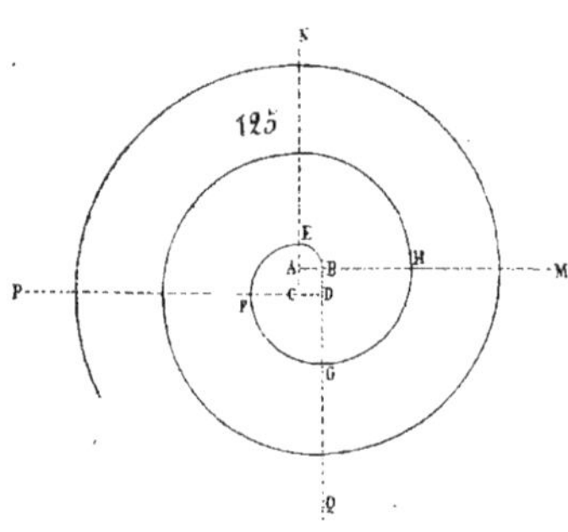

On appelle Volute une ligne composée d'arcs
de cercle raccordés dont le rayon va successivement en augmentant. Pour la tracer on prend
sur une ligne AM la longueur AB dont on
veut que le rayon augmente à chaque quart
de révolution; puis on élève la perpendiculaire
AN sur laquelle on porte AC=AB, on élève en
C la perpendiculaire CP sur laquelle on porte
CD de même grandeur, enfin en D on élève
DQ qui passe au point B et qui donne DB aussi
égal à AB, cela fait : du point A comme centre
et de AB comme rayon on décrit l'arc BE, on porte ensuite la pointe du compas en C avec
le rayon CE on décrit l'arc EF qui sera tangent au premier en E puisque les centres A et C sont
avec le point E sur une même ligne droite. On porte en 3e lieu la pointe du compas en D et
avec le rayon DF on décrit l'arc FG tangent au précédent en F, puis du point B et avec
BG on décrit l'arc GH, après quoi on recommence en portant la pointe du compas en A
et successivement aux autres points.

126 _______ Il est important de remarquer que ces lignes ainsi composées de parties raccordées
ne forment pas une véritable ligne mathématique, et que la liaison entr'elles n'est
que pour les yeux. Mais la différence n'en est pas moins réelle et ces lignes n'ont
jamais la pureté des lignes véritablement conti-
-nues, comme le serait par exemple au lieu de
la Volute précédente une véritable spirale tracée
par un fil qui se déroulerait successivement et
s'allongerait d'une manière continue à mesure
que le trait avancerait, et si l'on préfère ordi-
-nairement les courbes raccordées c'est qu'elles
ont dans la pratique l'avantage de pouvoir
s'exécuter avec la règle et le compas.

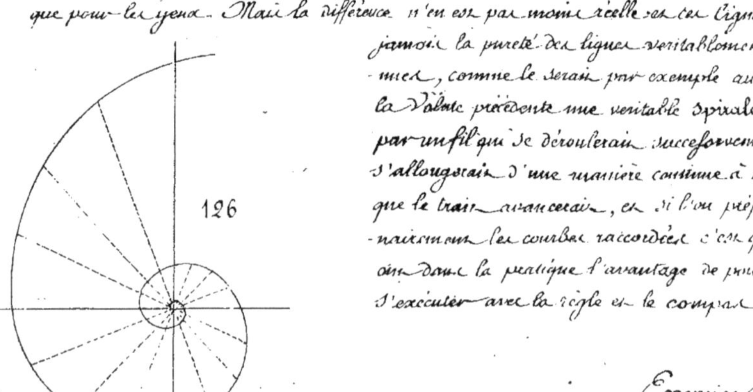

Exercices
____

Exercices. Exécuter sur le papier les diverses solutions des problèmes sur les cercles tangents. — Tracer les minimums et les maximums en variant les données.

Chapitre X.
Des Angles dans le cercle.

127 — Nous avons vu que l'angle qui avait son sommet au centre avait pour mesure l'arc compris entre ses côtés. Il s'agit maintenant de voir quelle est la mesure des angles qui ont leur sommet hors du centre, ce qui peut arriver de diverses manières selon qu'ils ont leur sommet sur, dans ou hors la circonférence.

Proposition. Un angle formé par deux cordes et ayant son sommet à la circonférence a pour mesure la moitié de l'arc compris entre ses côtés.

Je suppose d'abord que l'une des cordes soit un diamètre AB, et je dis que dans ce cas l'angle BAC a pour mesure la moitié de l'arc BC compris entre ses côtés.

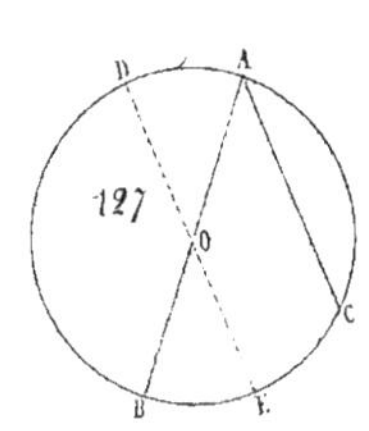

Pour le prouver, par le point O centre du cercle je mène le diamètre DE parallèle à AC, l'angle BOE sera égal à BAC comme correspondants. L'arc BE sera donc la mesure de l'angle BAC, or les arcs BE et DA sont égaux puisqu'ils mesurent des angles égaux comme opposés au sommet, DA = EC comme compris entre parallèles, donc BE = EC donc BE mesure de l'angle BAC est égal à la moitié de l'arc BC compris entre les côtés de cet angle.

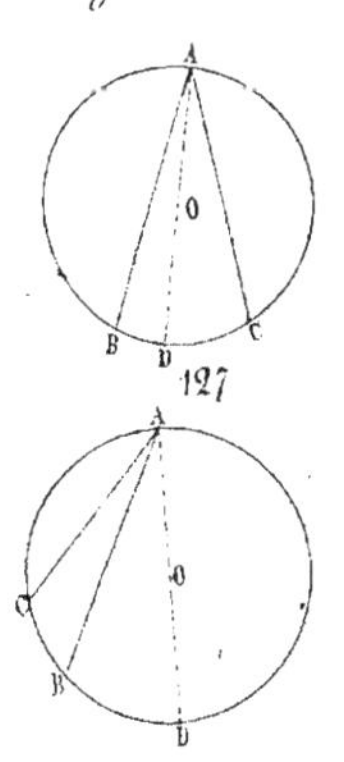

Si l'angle donné BAC n'a pas un diamètre pour un de ses côtés, on pourra par le sommet A mener le diamètre AD, et l'angle BAC sera la somme des angles BAD et DAC, or l'angle BAD a pour mesure la moitié de l'arc BD, DAC a pour mesure la moitié de BC, l'angle total BAC a donc pour mesure la moitié de BD, plus la moitié de DC, c'est à dire, la moitié de BC

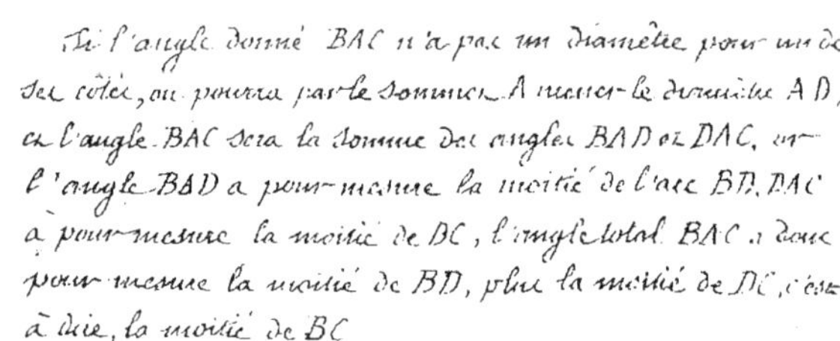

Si les deux côtés AC et AB étaient tous deux d'un même côté du diamètre AD, on prouverait de même que l'angle BAC a pour mesure $\frac{1}{2}DC - \frac{1}{2}BD = \frac{1}{2}BC$. Donc &c.

128 _______ L'angle formé par une tangente et par une corde a pour mesure la moitié de l'arc compris entre ses deux côtés.

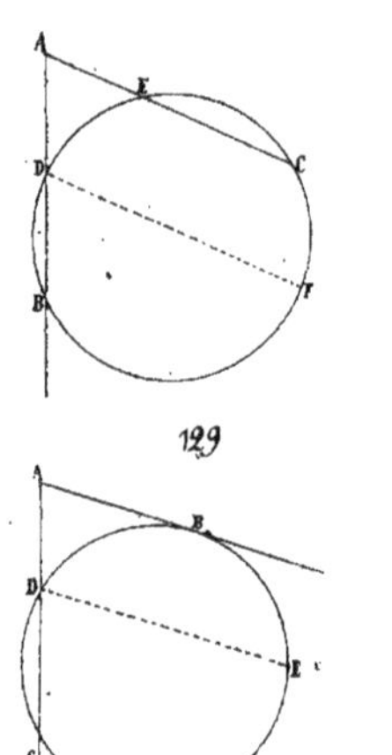

C'est à dire que l'angle BAC formé par la tangente [AB] et la corde AC a pour mesure la moitié de AC. Pour le prouver menons comme précédemment le diamètre AD. L'angle BAD étant droit aura pour mesure un quart de cercle, c'est à dire la moitié de la 1/2 circonférence AD. L'angle DAC aura pour mesure 1/2 CD, donc BAC qui est égal à BAD−DAC aura pour mesure 1/2 AD−1/2 DC = 1/2 AC. Donc &c.

129 _______ L'angle qui a son sommet hors la circonférence a pour mesure la moitié de la différence entre l'arc convexe et l'arc concave compris entre ses côtés.

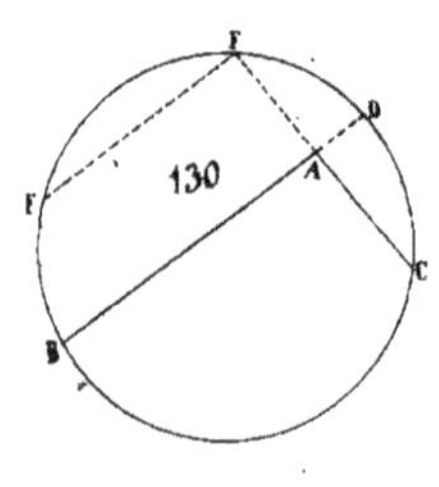

C'est à dire que l'angle BAC formé par les deux sécantes AB et AC a pour mesure la moitié de la différence entre l'arc convexe BC et l'arc concave DE. En effet nous menons DF parallèle à AC, l'angle BDF sera égal à l'angle A, or BDF a pour mesure la moitié de BF, et comme DE = CF comme compris entre les parallèles BF est précisément la différence entre BC et CF ou DE. Donc &c.

Ceci aurait encore lieu si l'angle était formé par une tangente AB et une sécante AC, puisque menant par le point D la parallèle DF à la tangente AB l'arc CDE qui est égal à l'angle A a pour mesure la moitié de l'arc CE qui est la différence entre l'arc convexe CB et l'arc concave BD. Enfin on le démontrerait pareillement pour le cas de deux tangentes. Donc en général &c.

130 _______ Un angle qui a son sommet entre le centre et la circonférence a pour mesure la moitié de la somme des arcs concave et convexe compris entre ses côtés.

C'est à dire que si BAC est formé par les cordes B[...] et CE qui se coupent en A, cet angle aura pour mesure la demi somme des arcs BC et DE. En effet par le point E menons EF parallèle à DB l'angle FEC sera égal à BAC ; or, l'angle FEC a pour mesure la moitié de l'arc FC qui est égal à la somme des arcs BC et BF, ou ce qui revient au même BC et ED, BAC aura donc aussi pour mesure la moitié de la somme des arcs BC et ED, ce qu'il fallait démontrer.

131. On voit par cette démonstration que les angles au centre, c'est à dire dont le sommet est au centre ne sont pas les seuls qui aient pour mesure l'arc compris entre leurs côtés. Cela est encore vrai pour tout angle BAC dont les côtés prolongés rencontrent la circonférence aux mêmes points que deux cordes parallèles BE et CD puisque les arcs BC et ED étant alors égaux, leur demi-somme est égale à l'un d'eux, chacun d'eux est donc la mesure de l'angle A.

132. Il suit de la première proposition (127) que tous les angles ADB que l'on peut tracer dans un segment ou portion de circonférence et dont les côtés viennent tous aboutir aux extrémités A et B, sont tous égaux entr'eux, puisque tous ont pour mesure la moitié de l'arc AEB, il en sera de même des angles AEB, et il est facile de voir que les derniers sont supplémentaires des premiers puisqu'ensemble ils ont pour mesure la moitié de la circonférence entière.

133. Cela peut fournir un moyen de tracer un arc de cercle ou même une circonférence entière sans faire usage du centre.

Pour cela il faut au moins trois points A, B et C de la circonférence, ou encore les points A et B et l'angle ACB, prenant alors un angle ACB dont l'ouverture ne puisse pas changer et le faisant marcher de manière que ses côtés passent toujours aux points A et B, le sommet C décrira le segment ACB, puis au moyen de l'angle complémentaire on décrira l'autre segment ADB.

134. Si au lieu d'une corde on prend un diamètre AB, tous les angles ACB seront droits puisque chacun a pour mesure la moitié de la demi-circonférence. On pourrait donc alors avec une équerre tracer la circonférence entière.

135. Cette propriété du diamètre nous fournit un moyen facile d'élever une perpendiculaire à l'extrémité d'une ligne AB que l'on ne peut pas prolonger : pour cela d'un point quelconque C et avec un rayon égal à CB on décrira l'arc BDE qui coupe la ligne donnée en D, et tirant ensuite la ligne DCE le point E sera un point de la perpendiculaire. En effet DE est un diamètre et

par suite l'angle ABF est droit.

136 ———

On peut encore par un moyen semblable mener par un point donné A pris hors du cercle CD une tangente à ce cercle. Pour cela joignant le point A au centre C et sur AC comme diamètre décrivons une circonférence les points D et F où elle coupe le cercle donné seront les points de tangence et par suite les lignes AD et AF seront les tangentes cherchées. En effet si nous menons les rayons CD et CF, AC étant un diamètre les angles ADC et AFC seront droits; les lignes AD sont donc perpendiculaires à ces rayons en un point de la circonférence et par suite tangentes à cette circonférence.

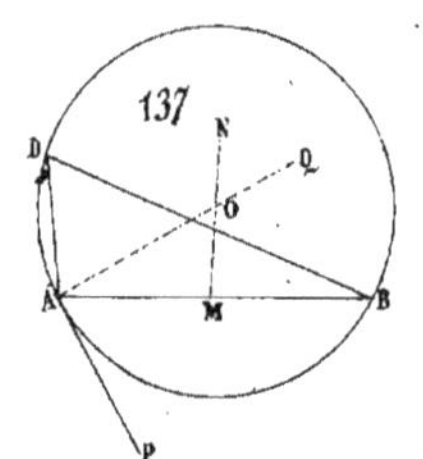

137 ——— *Problème.*

Construire sur une ligne donnée un segment capable d'un angle donné. C'est-à-dire un segment dans lequel les angles inscrits aient une grandeur donnée.

Pour cela AB étant la ligne donnée par une de ses extrémités A, je mène la droite AP qui fasse avec AB l'angle donné BAP. Sur le milieu de AB j'élève la perpendiculaire MN, puis au point A j'élève sur AP la perpendiculaire AQ qui rencontre la première en O, ce sera le centre du segment cherché. En effet

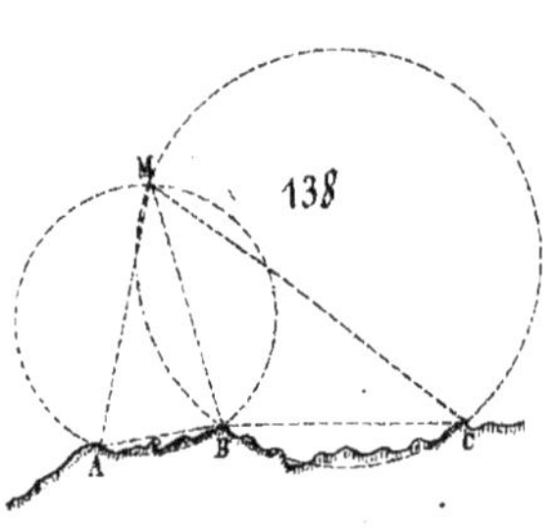

tous les angles inscrits ADB auront pour mesure la moitié de AB et seront par conséquent égaux à BAP, puisque cet angle formé par une tangente et par une corde aura aussi pour mesure la moitié de AB.

138 ——— Cette construction sert à fixer la position d'un point M, lorsque l'on connaît les angles AMB et BMC que font à ce point les lignes tirées à trois points connus A, B et C, car construisant sur AB et sur BC les segments capables des angles connus AMB et BMC, la rencontre de ces arcs déterminera le point M. Ceci est d'un grand usage pour les observations faites en Mer en vue des côtes; puisqu'au point M qui est supposé en Mer on n'a que des angles à observer pour fixer sa position à l'égard des points A, B et C dont la position sur la côte est supposée connue.

• *Exercices* Mener des perpendiculaires à l'extrémité de droites — Mener des tangentes par des points donnés hors des cercles. Construire des segments capables d'angles donnés.

Chapitre XI.

Des Triangles.

On appelle Triangle la figure formée par
trois lignes droites qui se coupent deux à
deux et qui forment trois angles comme la
figure A B C.

En égard à la grandeur respective des côtés,
on distingue trois sortes de triangles. 1.° le
triangle équilatéral qui a ses trois côtés égaux,
(A) 2.° le triangle isocèle qui a deux côtés
égaux, (B). 3.° le triangle scalène qui a ses
trois côtés inégaux, (C)

141. ———— La somme des trois angles d'un triangle est toujours égale à deux angles droits.
En effet, soit A B C le triangle donné, par les points
A, B et C qui ne sont pas en ligne droite, on pourra
toujours faire passer une circonférence et les angles A,
B et C réunis auront pour mesure la moitié des
arcs BC, AC et AB, c'est à dire la moitié de la circonférence, ils valent donc ensemble deux angles droits.

142. ———— Il résulte de là. 1.° que dans un triangle quelconque A B C un des angles
A par exemple, est le supplément de la somme
des deux autres, puisqu'étant réuni à cette
somme il forme deux angles droits. Par conséquent si l'on connait la grandeur de deux
des angles d'un triangle, pour avoir le
troisième il suffit de retrancher de 180.° la
somme des angles connus.

143. ———— 2.° Que si l'on prolonge l'un des côtés du triangle BC par exemple, l'angle
extérieur ACD sera égal à la somme des angles intérieurs A et B qui lui sont
opposés. En effet l'angle ACB a également pour supplément l'angle ACD ou
la somme des angles A et B.

144. ———— 3.° Que si deux triangles ont deux angles égaux chacun à chacun, le troisième
sera égal de part et d'autre.

145 ——— 4° Qu'un triangle ne peut avoir qu'un seul angle droit et à plus forte raison qu'un seul angle obtus ; car s'il avait seulement deux angles droits il ne resterait rien pour le troisième angle, et en effet, alors deux des côtés seraient parallèles.

146 ——— On appelle triangle acutangle celui qui a ses trois angles aigus, triangle obtusangle celui qui a un angle obtus, enfin rectangle celui qui a un angle droit. Dans ce dernier le côté opposé à l'angle droit s'appelle hypoténuse.

147 ——— En faisant passer une circonférence par les trois sommets d'un triangle, chacun des angles aura pour mesure la moitié de l'arc qui lui est opposé et les côtés du triangle ne seront autre chose que les cordes des arcs qui servent à les mesurer ; or ces cordes sont plus ou moins grandes selon que les arcs ou ce qui revient au même, les angles sont plus ou moins grands. De là nous pouvons tirer les conséquences suivantes.

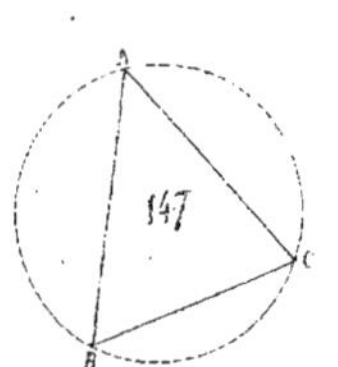

1° Que dans tout triangle au plus grand angle est opposé le plus grand côté et réciproquement.

149 ——— 2° que lorsque deux angles d'un triangle sont égaux les côtés opposés le sont aussi, et réciproquement les angles opposés aux côtés égaux d'un même triangle sont égaux. En effet les angles égaux supposent des arcs égaux et par suite des cordes égales.

150 ——— 3° Il suit encore de là que dans un triangle équilatéral les trois angles sont égaux et valent chacun 60° et réciproquement tout triangle équiangle est aussi équilatéral.

151 ——— 4° Enfin dans un triangle rectangle l'hypoténuse est toujours le plus grand côté, en sorte que dans tout triangle rectangle isocèle les deux angles aigus sont égaux chacun à la moitié d'un droit, c'est à dire à 45°.

152 ——— *Proposition* Deux triangles sont égaux lorsqu'ils ont un angle égal compris entre deux côtés égaux chacun à chacun.

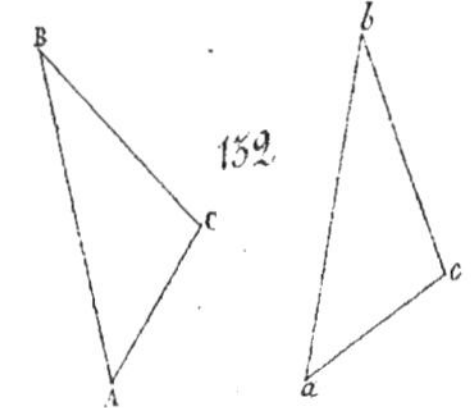

Soit pour le prouver les deux triangles ABC et abc tels que les angles A et a soient égaux, les côtés AB = ab et AC = ac, je dis que ces triangles sont égaux.

Pour le prouver j'applique le triangle abc sur le triangle ABC de manière que les côtés ab et AB se recouvrent exactement, les points A et a, B et b se confondront, puisque les deux lignes sont égales, les angles A et a étant égaux le côté ac prendra la direction AC, et comme ces deux côtés sont aussi égaux, le point c viendra en C, Or déjà le point a est venu en A. Les côtés ac et AC ayant deux points communs se confondront, en sorte que le triangle abc couvrira exactement les triangles ABC. Ces deux figures sont donc égales.

153 ___ *Proposition* Deux triangles sont égaux lorsqu'ils ont un côté égal compris entre deux angles égaux chacun à chacun.

Soit pour le prouver les deux triangles ABC et abc tels que les côtés AB et ab soient égaux ainsi que les angles A et a, B et b, je dis que les deux triangles seront égaux. Pour le prouver j'applique le triangle ABC et abc tels que les côtés ab et AB se confondent,

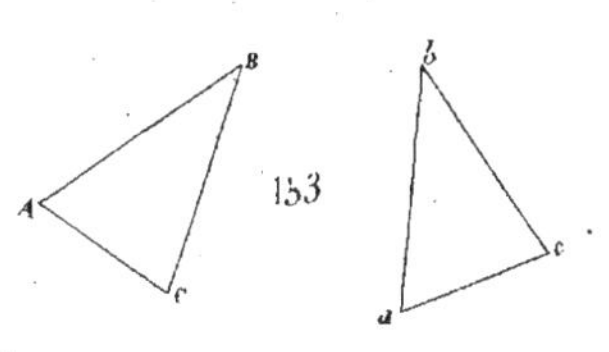

le point a viendra en A et le point b en B, de plus le côté ac prendra la direction AC puisque les angles a et A sont égaux et le point c tombera quelque part sur la ligne AC. De même le côté bc prendra la direction BC puisque les angles en B sont égaux, et le point c tombera quelque part sur la ligne BC. Or, puisque le point c doit être à la fois et sur la ligne AC et sur la ligne BC, il tombera nécessairement au point C où les lignes se coupent. Le triangle abc se confondra donc exactement avec le triangle ABC, ces deux figures sont donc égales.

154. ___ *Proposition* Deux triangles sont égaux lorsqu'ils ont leurs trois côtés égaux chacun à chacun.

Soient pour le prouver les deux triangles ABC et abc tels que le côté AB soit égal au côté ab, AC à ac, BC à bc, je dis que ces deux triangles sont égaux.

Pour le prouver j'applique le triangle abc sur le triangle ABC de manière que les côtés AB et ab se confondent, les extrémités a et A, b et B de ces deux côtés se confondront puisqu'ils sont égaux entre eux. Cela posé, du point B comme centre avec un rayon égal à bc, je décris un arc mn, cet arc passera par le point c puisque bc est égal à BC, et le point C devra tomber en quelqu'un des points de cet arc.

Pareillement du point A comme centre et avec un rayon égal à ac, je décris un arc pq, cet arc passera comme le précédent au point C puisque ac = AC et le point C devra aussi tomber en quelqu'un des points de cet arc; le point C devant se trouver à la fois sur les deux arcs se trouvera à leur intersection, et cette intersection sera le point C lui-même, puisque les deux arcs

doivent passer l'un en l'autre par ce point. Par conséquent les points C et C
se confondront, et par suite les côtés b c et BC, a c et AC, en sorte que les
deux triangles se couvriront exactement; ils seront donc égaux.

155. _____ *Proposition*   Deux triangles rectangles sont égaux lorsqu'ils ont une
hypothénuse égale et un côté égal chacun à chacun.

Soit pour le prouver les deux triangles
rectangles A B C et a b c dans lequel les
hypothénuses A B et a b sont égales, ainsi
que les côtés AC et ac. Les angles C et c
étant droits, je dis que ces triangles sont
égaux. Pour le prouver je transporte le
triangle a b c à la suite du triangle ABC
de manière que le point a tombe en A, c en C.

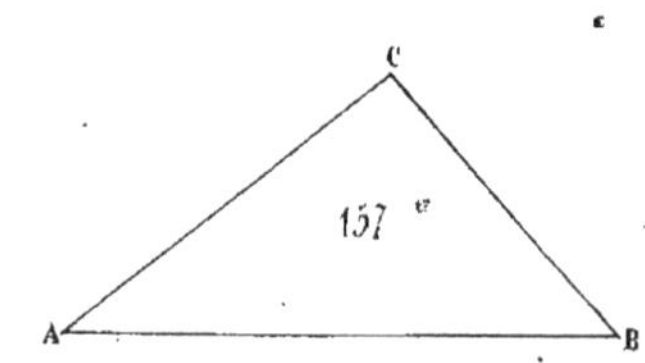

L'angle C étant droit le côté c b prendra la direction C b', la ligne B c b' sera
droite et le point b tombera en b' à une distance telle que la ligne a b'
soit égale à a b. or, puisque les hypothénuses a b et AB sont égales, l'oblique
a b' sera égale à l'oblique AB, et comme elles partent du même point de la
perpendiculaire elles s'écarteront nécessairement également de son pied,
c b' ou c b sera donc égal à CB, et les deux triangles ayant leurs côtés égaux
seront égaux. Donc &c.

156. _____ Construire un triangle connaissant un angle et les deux côtés qui le comprennent.

Pour cela on mènera les lignes AB et AC
formant entre elles l'angle donné. On prendra
sur ces lignes les longueurs AB et AC égales
respectivement aux deux côtés donnés et
joignant BC, la figure ABC sera le triangle
cherché.

157 _____ Construire un triangle connaissant un côté et les angles adjacents.

Pour cela on prendra sur une ligne la
longueur AB égale au côté donné, aux points
A et B on mènera les lignes AC et BC formant
les angles A et B respectivement égaux aux
angles donnés, et le point C où les lignes
se couperont sera le troisième sommet du
triangle.

158 _____   Construire un triangle quand on connaîtra

trois côtés.

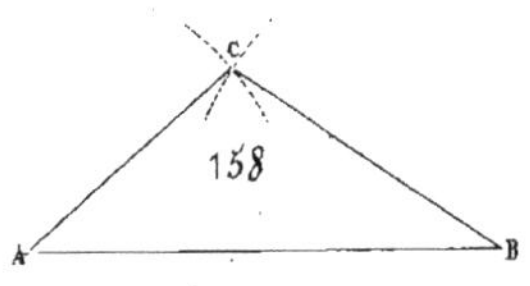

158

Pour cela, à chacune des extrémités A et B de l'un des côtés, on décrira un arc de cercle en prenant pour rayon successivement les deux autres côtés donnés, le point d'intersection C. de ces deux arcs donnera le troisième sommet du triangle.

159. — Construire un triangle connaissant l'hypothénuse et un des côtés de l'angle droit

Pour cela à une des extrémités A du côté de l'angle droit on élèvera une perpendiculaire AC qui donne la direction de l'autre côté de l'angle droit, puis de l'autre extrémité B du premier côté et avec un rayon égal à l'hypothénuse qui est aussi donnée, on décrira un arc de cercle, et le point C où il coupe la perpendiculaire AC sera le sommet cherché. (155)

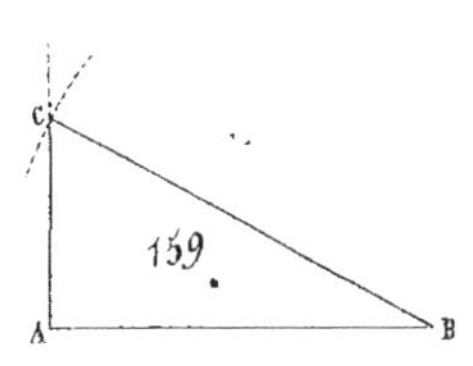

159.

Exercices.

Avec des côtés et des angles de grandeur donnée construire les différents problèmes de ce chapitre.

Chapitre XII.
Des Quadrilatères.

160. —

On appelle quadrilatère toute figure qui a quatre côtés comme ABCD (Fig a) Les lignes qui comme AC et BD unissent des sommets opposés sont appelées les diagonales. Si le quadrilatère a deux côtés parallèles comme AB et CD (Fig. b); il prend le nom de trapèze.

161 On appelle parallélogramme un quadrilatère (c) dont les côtés sont parallèles deux à deux, comme AB et CD, AC et BD.

Si en outre les côtés sont égaux (d) il prend le nom de Losange.

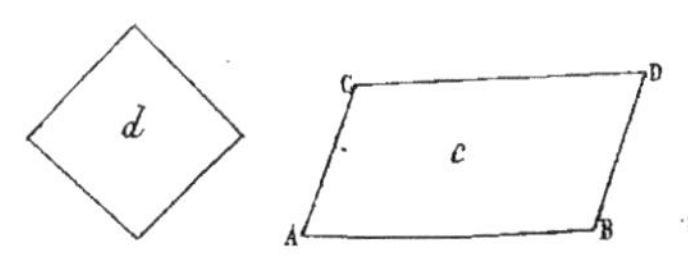

160 – 161

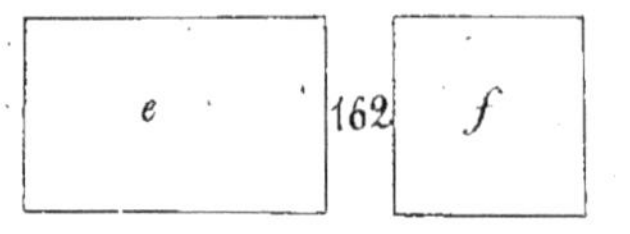

162   On appelle Rectangle un parallélogramme qui a ses angles droits (e) et si en outre les côtés sont égaux (f) il s'appelle quarré.

163   Dans un parallélogramme les côtés opposés et les angles opposés sont égaux.

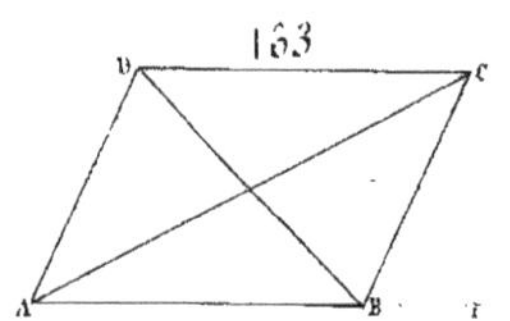

Pour le prouver soit le parallélogramme ABCD. Tirons la diagonale AC, les droites AB et DC étant parallèles les angles BAC et ACD sont égaux (79) les angles ACB et CAD le seront pareillement et par suite les triangles ABC et ADC sont égaux comme ayant un côté égal AC qui leur est commun compris entre deux angles égaux chacun à chacun. Donc AB=DC et BC=AD. c'est à dire que les côtés opposés du parallélogramme sont égaux. De même les angles D et B sont égaux entr'eux par suite de l'égalité des triangles, et les angles BAD et BCD le sont aussi comme étant chacun la somme de deux angles égaux chacun à chacun. Donc les angles opposés du parallélogramme sont aussi égaux.

164   Cette démonstration prouve en général que les parallèles interceptées entre parallèles sont égales.

165   Dans tout parallélogramme les diagonales se coupent mutuellement en deux parties égales.

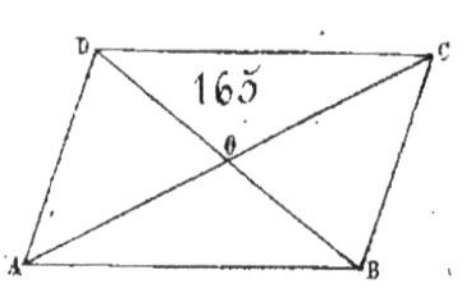

Soit le parallélogramme ABCD dont les diagonales se coupent en O, les triangles DOC et AOB sont égaux car DC=AB et de plus les angles ODC et OBA, OCD et OAB sont égaux puisque DC et AB sont parallèles (79). Donc on a OB=OD, et OC=OA; ce qu'il fallait démontrer.

166   Si le parallélogramme est un lozange, les lignes DA et AB, DC et BC étant égales entr'elles, non seulement les diagonales se couperont en parties égales, mais encore elles seront perpendiculaires l'une sur l'autre. En sorte que pour tracer un lozange il suffit de connaître la grandeur de ses diagonales. Menons en effet deux lignes qui se coupent en O à angle droit, et portons à partir du point O et de chaque côté, sur l'une les deux demi-longueurs OB et OD, puis joignons deux à deux les quatre sommets, le lozange sera tracé.

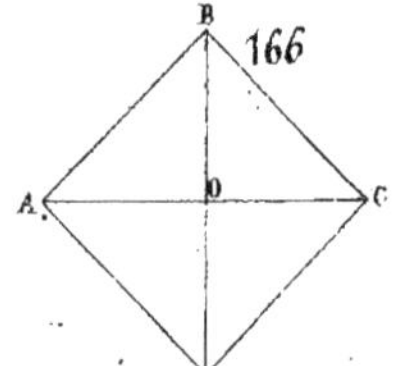

Chapitre XIII.

Des Polygones.

171. ———— On appelle en général Polygones les figures de plusieurs côtés; ainsi le triangle et le quadrilatère sont des polygones de 3 et 4 côtés. Si la figure a cinq côtés elle s'appelle Pentagone, Hexagone, si elle en a six; Eptagone, si elle en a sept; Octogone, si elle en a huit; Décagone, si elle en a dix, &c.

172. ———— On appelle angles d'un polygone ceux qui sont formés par deux côtés contigus. On les appelle Angles saillants lorsque leur sommet est en dehors de la figure comme ABC et Angles rentrants, lorsqu'il est en dedans comme DEF. On appelle Diagonale toute ligne tirée d'un angle à un des angles opposés comme BH, BD &c.

173. ———— On appelle Polygones réguliers ceux qui ont les angles et les côtés égaux.

174. ———— Tout Polygone peut être partagé en autant de triangles qu'il y a de côtés, moins deux. La chose est évidente; car si du sommet B on tire les diagonales BG, BD, BE &c il y aurait autant de triangles que de côtés, si les triangles extrêmes, BAG, BCH ne prenaient chacun deux côtés. Donc &c.

175. ———— Remarquons ici que la somme de tous les angles intérieurs du Polygone n'est autre que celle de tous les angles des triangles. Or, la somme des angles de chacun de ces triangles vaut deux angles droits. Donc la somme des angles intérieurs d'un polygone vaut autant de fois deux angles droits qu'il y a de côtés moins deux.

176. ———— Par suite il est toujours facile de calculer l'angle intérieur d'un polygone régulier d'un nombre donné de côtés, puisqu'il suffira de diviser la somme précédente par le nombre des angles qui est le même que celui des côtés. On sait déjà que l'angle du triangle équilatéral est de 60° (160) et celui du carré de 90° celui du Pentagone sera $\frac{3\times180}{5}=108°$, celui de l'hexagone 120° &c.

177. ———— On peut faire voir par là que pour juxtaposer des Polygones comme dans les carrelages et les parquets il n'y a que trois figures régulières que l'on puisse employer sans combiner ensemble des figures différentes. Car il faut nécessairement que les polygones soient tels qu'un certain nombre d'angles fasse 360° et l'on peut y parvenir soit au moyen de six angles de triangle équilatéral (A), ou de quatre angles droits (B), ou de trois angles d'hexagone (C). Tous les autres polygones réguliers exigent

l'emploi de figures variées. Ainsi il faut combiner l'octogone avec le carré (D), parceque l'angle de l'octogone valant 135°, deux angles de l'octogone et un du carré font une circonférence de 360°.

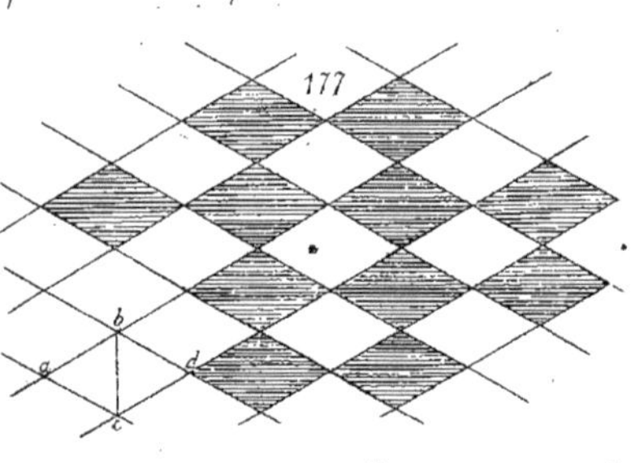

La réunion de deux triangles équilatéraux, abc, bcd, forme un lozange dont on fait souvent usage; mais on peut remarquer que toute espèce de lozange peut être employée pour un carrelage ou parquet; car dans ces sortes de figures, l'angle aigu et l'angle obtus étant supplémentaires, deux d'une espèce et deux de l'autre formerais toujours quatre angles droits.

178. —————— On appelle Polygone inscrit dans un cercle celui dont tous les sommets sont dans une circonférence comme A B C D E, et Polygone circonscrit celui dont tous les côtés sont tangents à une circonférence, comme M N P Q R.

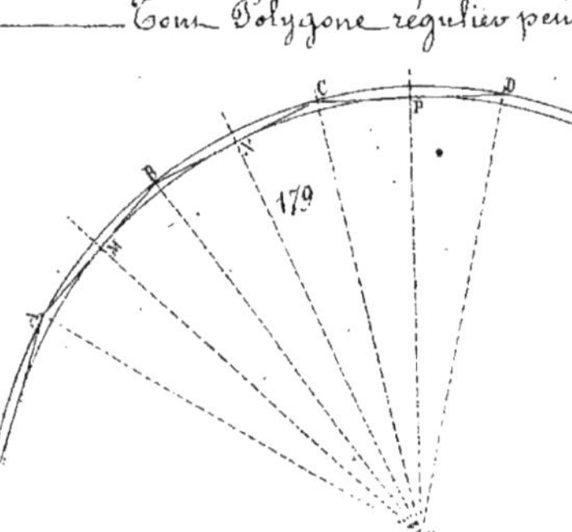

179. —————— Tout Polygone régulier peut être inscrit dans un cercle ou lui être circonscrit. En effet, soit A B C D une portion de polygone régulier; menons dans l'intérieur du polygone, par les points A, B, C, D des droites qui coupent en deux parties égales les angles A B C, B C D &c. Ces angles étant égaux, leurs moitiés seront égales, et comme les côtés A B, B C, C D sont aussi égaux, les triangles ainsi formés seront égaux entr'eux comme ayant un côté égal adjacent à deux angles égaux (153). On aura donc A O = B O = C O &c. C'est-à-dire que si du point O, où se coupent les droites A O et B O et du rayon A O on décrit un cercle, il passera par tous les sommets A, B, C, D &c. Le polygone donné peut donc être inscrit dans un cercle.

Il peut de même lui être circonscrit, car les triangles A B O, B C O, C D O &c. étant égaux entr'eux les perpendiculaires O M, O N, O P, abaissées du sommet O sur le milieu des côtés sont égales et le cercle décrit du point O comme centre et avec le rayon O M sera tangent à tous les côtés du polygone.

181. _________ On voit par là que les centres des cercles inscrit et circonscrit, se confondent et que pour déterminer ce point il suffit de déterminer le centre du cercle passant par trois des sommets du polygone. Ce point s'appelle aussi le centre du polygone et la perpendiculaire abaissée de ce point sur les côtés se nomme l'apothème.

182. _________ Si du centre d'un polygone régulier on mène des lignes à chacun des sommets, tous les angles AOB, BOC &ᶜ formés par ces lignes, sont égaux entre eux. Puisque les côtés du polygone étant égaux les arcs sous-tendus le seront aussi. C'est là ce qu'on appelle l'angle au centre. On voit que pour le calculer il faut diviser 360° par

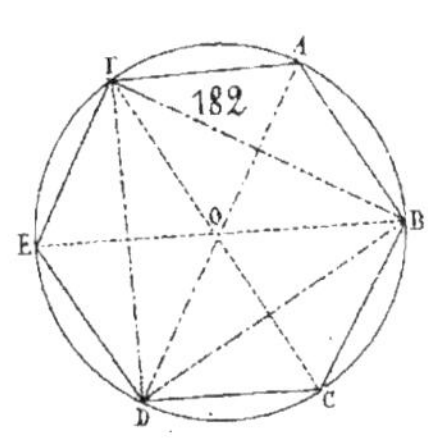

le nombre des côtés. Ainsi dans un triangle équilatéral BFD, l'angle FOB est égal à $\frac{4}{3}$ d'angle droit, ce qui est précisément l'angle intérieur FAB de l'hexagone (176), et dans l'hexagone l'angle au centre AOB est égal à $\frac{4}{6}$ ou $\frac{2}{3}$ d'angle droit, ce qui est précisément l'angle intérieur FBD du triangle équilatéral (160) et la moitié OAB de l'angle intérieur FAB de l'hexagone.

Il suit de là que dans l'hexagone, le triangle formé par le côté AB et les rayons BO et AO a ses angles égaux et par suite est équilatéral. Donc, le côté de l'hexagone est égal au rayon du cercle circonscrit. Cette remarque donne un moyen très simple d'inscrire un hexagone dans un cercle donné puisqu'il suffit de porter le rayon 6 fois sur la circonférence.

183. _________ Après avoir porté le rayon 6 fois sur la circonférence, si on réunit les points de division de deux en deux par des lignes droites, on aura inscrit dans le cercle un triangle équilatéral. Mais si l'on fait attention que FE = FO de même que DE = DO, on reconnaîtra que le côté du triangle équilatéral n'est autre que la perpendiculaire FD élevée sur le milieu du rayon, ce qui fournit un moyen fort simple d'inscrire cette figure.

184. _________ S'il s'agissait d'inscrire un carré on mènerait deux diamètres rectangulaires et on réunirait deux-à-deux les points où ils coupent la circonférence. Pour un Eptagone le calcul fait voir qu'en prenant pour son côté la moitié de celui du triangle équilatéral, l'erreur est moindre que $\frac{1}{1000}$.

185. _________ Pour inscrire un polygone régulier quelconque, on pourrait calculer l'angle au centre, et faire au moyen du rapporteur des angles égaux, ou encore diviser par tâtonnement la circonférence en autant de parties égales qu'il y a de côtés, en faisant usage de la décomposition des nombres en facteurs premiers lorsqu'elle sera possible. Ainsi pour inscrire un polygone régulier de 15 côtés, on tracerait d'abord les sommets d'un triangle équilatéral ; après quoi on diviserait en tâtonnant, chaque arc en cinq parties égales. Nous donnerons plus tard un autre procédé pratique.

186. —————— Un polygone régulier étant inscrit dans un cercle, pour inscrire un polygone aussi régulier d'un nombre de côtés double, il suffira évidemment d'élever des perpendiculaires sur le milieu des côtés AB, BC &c. les points M et N où les perpendiculaires qui coupent la circonférence; joints aux points A, B, C, &c. seront les sommets du nouveau polygone, qui sera régulier comme le premier. En effet AN et NB, MB et MC seront évidemment toutes lignes égales entr'elles.

De plus tous les angles ANB, NBM, BMC &c. seront égaux. Car ils ont pour mesure la moitié de la circonférence moins la moitié des arcs AB, NM, BC qui sont tous égaux entr'eux.

Comme application tracer au moyen de l'hexagone inscrit une rose à six feuilles A, au moyen du carré inscrit une Croix de Jérusalem B, au moyen de

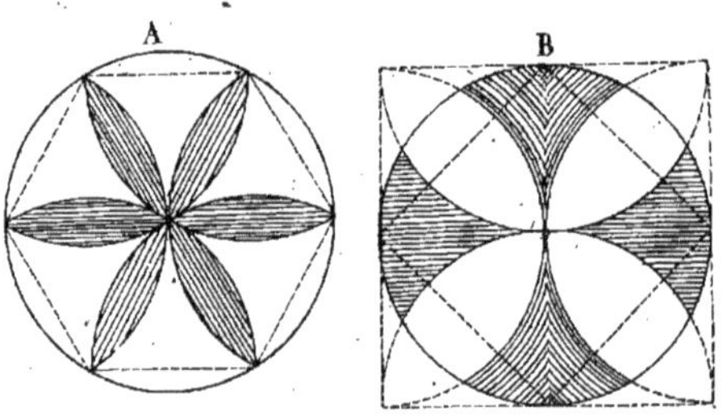

186

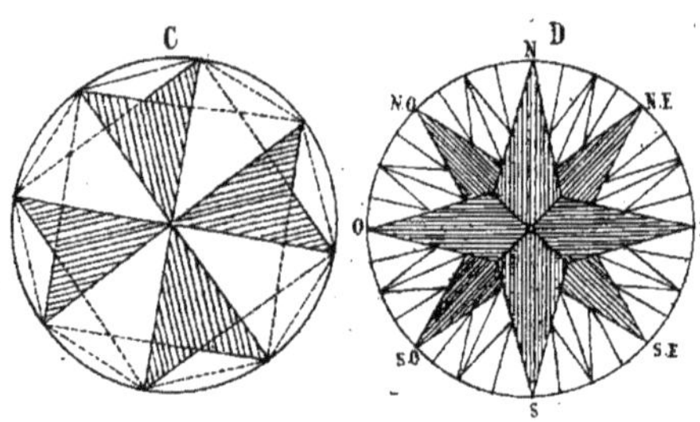

l'octogone inscrit une Croix de Malte C, et en divisant successivement en deux les côtés de l'Octogone une Rose des vents, D.

Chapitre XIV.

Des lignes proportionnelles.

187. ______ Les lignes comme les autres espèces de grandeur peuvent être représentées par des nombres exprimant combien de fois elles contiennent l'unité de mesure ; on peut donc leur appliquer tout ce qui a été dit en général des rapports et des proportions. Ainsi deux lignes contenant, l'une 4 fois, l'autre 7 fois l'unité de mesure, le rapport de leur longueur sera celui de 4 à 7.

188. ______ Si l'on suppose un côté d'un triangle divisé en parties égales, et si par chacun des points de division on mène des parallèles à un autre côté, le troisième côté sera partagé en autant de parties égales entr'elles que le premier.

C'est-à-dire que si le côté AB du triangle ABC est partagé en sept parties égales AD, DE, EF &ᶜᵃ et si par les points de division on mène DL, EM, FN &ᶜᵃ parallèles à BC, le côté AC sera aussi partagé en sept parties égales entr'elles.

Pour le prouver par les points L, M, N &ᶜᵃ, menons LR, MS, NT &ᶜᵃ parallèles à AB. Les triangles ADL, LRM, MSN &ᶜᵃ seront égaux : car d'abord ils ont leurs angles égaux puisque leurs côtés sont parallèles ; de plus les côtés LR, MS, NT sont respectivement égaux à DE, EF, FG, comme parallèles comprises entre parallèles ; ces lignes seront donc toutes égales à AD, et par suite tous ces triangles seront égaux comme ayant un côté égal compris entre deux angles égaux. Donc les lignes AL, LM, MN seront égales entr'elles. Donc &ᶜᵃ.

189. ______ Il suit de là que si dans un triangle on mène une ligne parallèle à un des côtés, les deux autres côtés sont coupés en parties proportionnelles :

C'est à dire que si dans un triangle ABC la ligne DE est supposée parallèle à BC, les lignes AD et DB, AE et EC formeront la proportion $AD : DB :: AB : EC$.

La chose est évidente si le point D se trouve être un des points de division du côté AB partagé en un certain nombre de parties égales. Car alors AE et EC pourraient être partagées par la construction précédente en autant de parties égales que AD et DB. Si donc AD se trouvait contenir cinq parties égales, et DB quatre ; AE contiendrait pareillement cinq parties égales et EC quatre. Il y aurait donc le même rapport entre AD et DB qu'entre AE et EC. C'est-à-dire le rapport $5 : 4$.

Si le point D est tel que les parties AD et DB n'aient entr'elles aucune mesure commune, ou autrement s'ils sont incommensurables; la proportion précédente sera encore vraie, car on pourra toujours partager le côté AB en un nombre de parties égales si grand qu'il y en aura toujours une de la division qui tombera aussi-près que l'on voudra du point D et qui à la limite finirait par se confondre avec lui. Or, pour toutes les parallèles menées par les points de division la proportion se vérifie, donc à la limite elle se vérifiera encore. Donc &c.

190. ──────── Appliquant à la proposition précédente le principe que la somme des deux premiers termes est au 2ᵉᵐᵉ, comme la somme des deux derniers est au 4ᵉᵐᵉ (Alg: 103), il vient AD+DB ou AB:AD::AE+EC ou AC:AE.

On trouverait d'une manière analogue AB:DB::AC:EC, et l'on peut faire sur ces proportions tous les changements ordinaires.

191. ──────── Réciproquement si une ligne DE coupe en parties proportionnelles les côtés AB et AC d'un triangle ABC, cette ligne sera parallèle à BC. Car si la proportion AD:DB::AE:EC est vraie pour une certaine position du point E, elle sera fausse pour tout autre; car tout déplacement du point E augmente un des termes du rapport AE:EC et diminue l'autre. Or, elle est vraie pour le point où la parallèle passant par le point D coupe le côté AC. Donc réciproquement la ligne qui passe à la fois par le point D et par le point E pour lesquels la proportion se vérifie est la parallèle à BC.

192. ──────── Si par le point D on mène une parallèle à AC, on aura par la même raison que précédemment AD:AB::FC:BC et comme FC=DE on aura AD:AB::DE:BC; mais on a déjà AD:AB::AE:AC on aura donc à cause du rapport commun AD:AB::DE:BC::AE:AC.

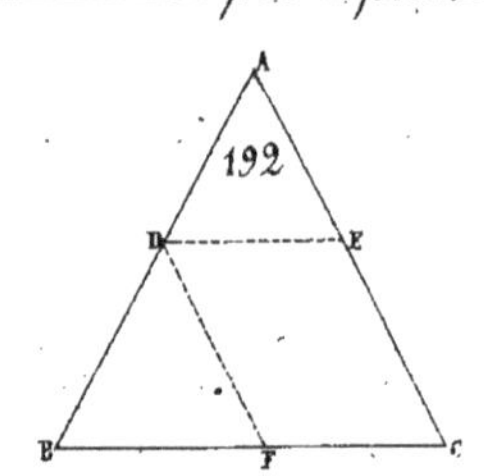

C'est-à-dire que si dans un triangle on mène une ligne parallèle à un des côtés le petit triangle ainsi formé aura ses côtés proportionnels à ceux du grand.

193. ──────── La ligne qui partage en deux parties égales l'angle d'un triangle, coupe le côté opposé en deux parties proportionnelles aux côtés adjacents.

C'est-à-dire que si dans le triangle BAC on mène la ligne AO qui divise en deux parties égales l'angle BAC, le côté BC sera coupé en deux parties BO et OC qui seront proportionnelles aux côtés adjacents AB et AC, en sorte que l'on aura BA:BO::CA:CO.

Pour le prouver prolongeons BA jusqu'en D où elle rencontre la ligne CD menée parallèlement à AO. En vertu de ce parallélisme on aura BA : AD :: BO : CO, ou encore BA : BO :: AD : CO.

Or, à cause du même parallélisme les angles OAC et ACD sont égaux ainsi que BAO et ADC et comme par construction BAO = OAC on aura aussi ACD = ADC. Le triangle ACD est donc isocèle et AC = AD, en sorte que la proportion précédente devient BA : BO :: CA : CO, ce qu'il fallait démontrer.

194. ————— Si plusieurs lignes partant d'un même point sont rencontrées par deux parallèles elles seront coupées ainsi que les parallèles elles-mêmes en parties proportionnelles.

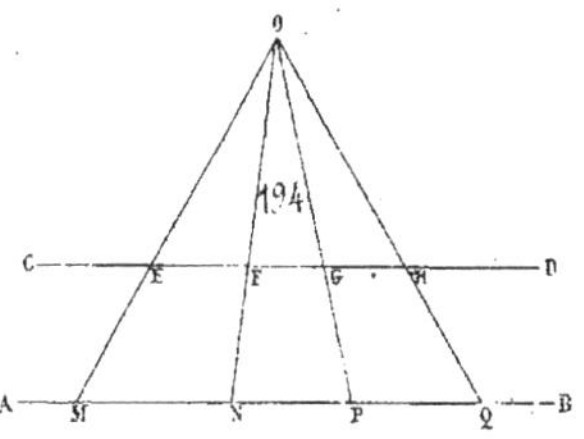

C'est-à-dire que si les parallèles AB et CD rencontrent les lignes OM, ON, OP, OQ, toutes passant par le point O, les lignes OE et EM, OF et FN, OG et GP &c. seront proportionnelles ainsi que EF et MN, FG et NP, GH et PQ. En effet les triangles OMN, ONP, OPQ seront coupés chacun par une ligne EF, FG, GH parallèle à la base, on aura donc

OE : EM :: OF : FN, OE : FN :: OG : GP, OG : GP : OH : HQ, Ou à cause des rapports communs OE : EM :: OF : FM :: OG : GP :: OH : HQ &c. Donc les lignes partant du point O sont coupées en parties proportionnelles. On a de même en vertu du parallélisme OE : OM :: EF : MN, OF : ON :: FG : NP, OG : OP :: GH : PQ &c. Or les premiers rapports de ces proportions sont égaux entre eux, les seconds le sont donc pareillement, c'est-à-dire que l'on a EF : MN :: FG : NP :: GH : PQ. Donc les parallèles sont elles-mêmes coupées en parties proportionnelles.

195. ————— Il serait facile de faire voir comme plus haut (189) que les lignes EF, FG, GH forment une seule ligne parallèle à AB; de même MN, NP &c. forment un parallèle à CD.

196 ————— *Problème*. Trouver une quatrième proportionnelle à trois lignes données.

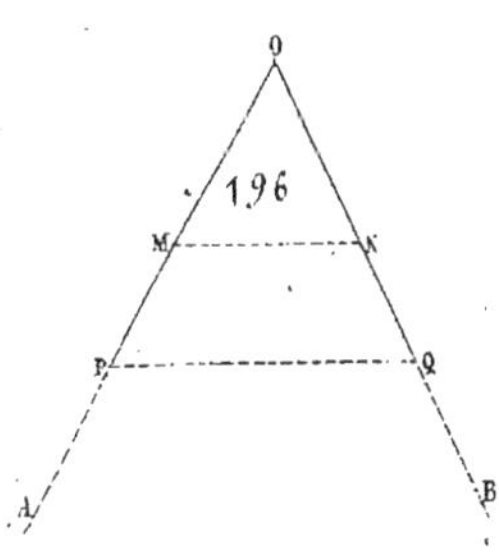

On appelle quatrième proportionnelle la longueur qui serait le quatrième terme d'une proportion dont trois longueurs données a, b, c, seraient les trois autres termes a : b :: c : x.

Pour la trouver menons deux lignes OA et OB sous un angle quelconque, portons la longueur $\underline{a}$ de O en M, $\underline{b}$ de O en N, $\underline{c}$ de M en P, joignons MN et menons PQ parallèle à cette dernière ligne NQ sera la quatrième proportionnelle cherchée; car on aura OM : ON :: MP : NQ.

197. ————— Si la proportion était continue a : b :: b : x la construction serait la même; seulement les lignes ON et MP seraient d'égale longueur et NQ serait alors ce qu'on appelle une troisième proportionnelle à $\underline{a}$ et à $\underline{b}$.

Problème

198. _Problème._ Partager une droite donnée en un nombre quelconque de parties égales.

Soit la ligne AB à diviser en cinq parties égales. Du point A, et sous un angle quelconque menons AC, sur laquelle à partir du point A nous porterons cinq longueurs arbitraires mais égales entr'elles, AG, GH, HI, IJ, JK. Joignons KB et par les points G, H, I, J, menons des parallèles à cette ligne, elles diviseront AB en cinq parties égales et le problème sera résolu.

199. La même construction pourrait servir à partager une ligne donnée AB en parties proportionnelles à celles d'une autre ligne donnée AC.

Dans ce cas on porterait suivant AC, l'une à la suite de l'autre, les longueurs AM, MN, NP auxquelles les parties de AB doivent être proportionnelles, puis joignant CB et menant des parallèles par les points de division M, N, P, la ligne AB se trouverait partagée dans les proportions voulues aux points m, n, p.

200. On pourrait encore pour éviter l'incertitude et l'embarras du tracé des parallèles porter de A en C les proportions voulues comme précédemment, puis avec un rayon égal à AC, décrivant deux arcs qui se coupent en B, joignant BA et BC on aura un triangle équilatéral. On portera ensuite la longueur à diviser de B en D et de B en E, et joignant DE cette ligne sera égale à BD et à BE puisque le triangle BDE est équiangle et par suite équilatéral. Joignant enfin BM, BN, BP, on aura aux points m, n, p, les divisions voulues.

201. Dans les questions qui exigent l'emploi des lignes proportionnelles on emploie quelquefois un instrument que l'on appelle Compas de proportion. Il se compose de deux lames de cuivre à charnière, portant entr'autres graduations deux lignes OA, OB, divisées en deux cents parties égales et que l'on appelle pour cette raison l'échelle des parties égales. Il est facile d'imaginer l'usage de l'instrument. Si l'on veut par exemple trouver une ligne plus grande qu'une ligne donnée dans le rapport de 175 à 122, on ouvrira le compas de manière que les deux points M et N marqués chacun 122 soient distants de la grandeur donnée; après quoi la distance des points P et Q correspondant au N° 175 sera la longueur cherchée.

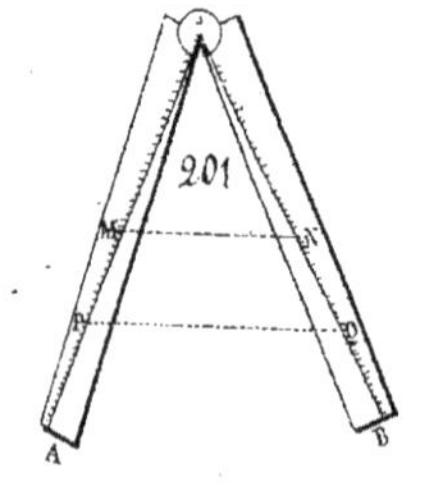

202. — On appelle encore compas de proportion un compas à quatre pointes formé de deux branches fendues de manière que l'axe O puisse glisser et changer de place. Les lignes AB et CD qui se coupent en O sont deux angles égaux comme opposés au sommet. Si donc on prend en sens contraire de OA et OD les distances oa, od les triangles OAD et o a d seront égaux, comme ayant un angle égal compris entre côtés égaux; et ad sera égal à AD. Si donc on suppose l'instrument construit et disposé de manière que l'on ait AO=OD et OB=OC le rapport des écartements AD

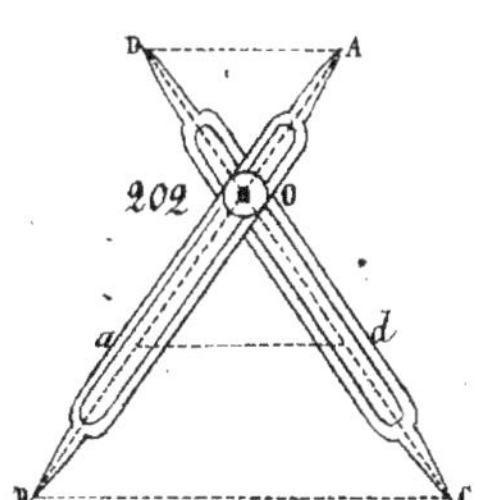

et BC des pointes du compas sera le même que celui des longueurs OA et OB. On voit que ce compas donne les mêmes résultats que le précédent et qu'il n'en diffère que par la disposition.

On voit d'après ce qui précède que lorsque l'axe O est précisément au milieu, les deux paires de pointes sont également écartées; si on approche l'axe des extrémités, le rapport des écartements variera. Ce rapport est écrit sur la branche du Compas. Ainsi lorsque l'axe occupe la division marquée $\frac{1}{4}$ ou $\frac{1}{5}$ l'écartement des petites branches est le quart ou le cinquième de l'écartement des grandes.

203. — On peut déjà avec ces simples notions résoudre quelques problèmes sur le terrain. Ainsi soit demandé de prolonger une ligne AB au delà d'un obstacle M. Pour cela l'on choisira O un point d'où l'on puisse voir la la ligne et son prolongement, puis menant les lignes OA, OB on prendrait oa et ob égales à une même fraction, (par exemple la moitié) de chacune, puis menant ab qui coupe en c et en d les direction OC et OD, et prenant Cc

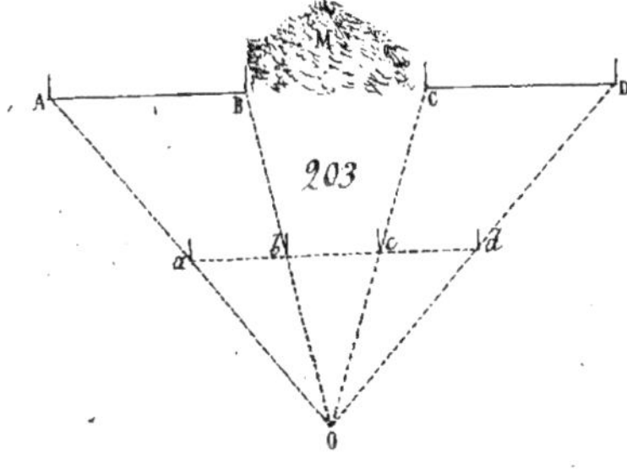

et Dd qui soient avec Oc et Od dans le même rapport que A a avec Oa, les points C et D appartiendront au prolongement demandé.

204. — De même si étant donné deux lignes AB et CD qui se réunissent en un point inaccessible, on veut mener par un point donné M une ligne MN qui aille rejoindre leur point d'intersection, on menera les parallèles AC et BD dont l'une passant par le point donné M, puis partageant BD au point N dans les même rapport que AC l'est au point M. MN sera la direction cherchée. Le raisonnement serait analogue à celui employé N°(189).

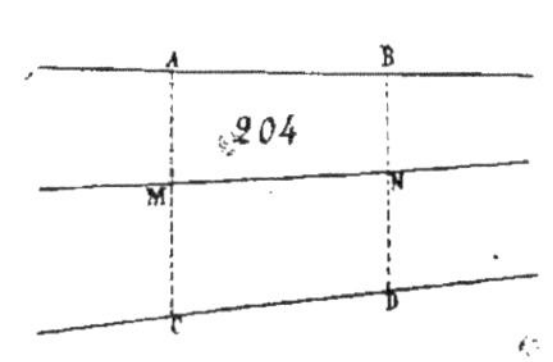

205. — On pourrait encore par le même principe mesurer une ligne dont l'extrémité est inaccessible, comme la largeur AB d'une rivière. Pour cela prolongeant AB jusqu'en C et d'un point O menant les lignes OA, OB, OC, prenant oc et ob dans un même rapport, par exemple le tiers de OC et de OB et menant bc qui coupe en a la ligne OA on aura la proportion : AB:BC :: ab:bc qui ne renferme d'inconnue que AB.

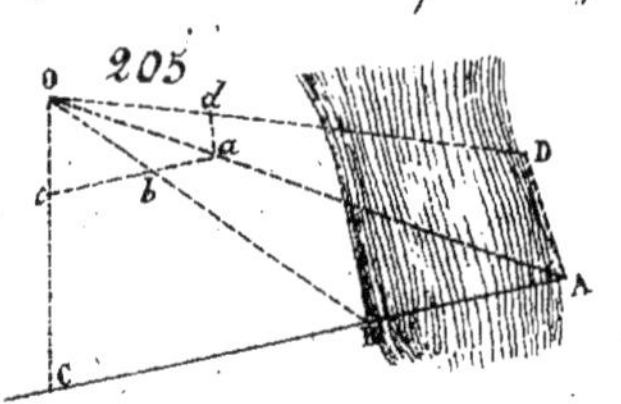

206. — On pourrait de même connaître la longueur A a qui est avec O a dans le rapport de B b à ob.

Si donc du point O on dirige une autre ligne vers un point inaccessible D et si par une opération de même genre, on obtient la longueur de OD, prenant Od égale aussi au tiers de OD et menant da, cette dernière sera elle-même le tiers de DA et l'on aurait ainsi résolu le problème de mesurer la distance de deux points inaccessibles.

Nous verrons plus tard des moyens plus prompts d'arriver au même résultat.

207. — Comme dernière application nous donnerons les moyens de mesurer la hauteur d'un point inaccessible comme serait le sommet d'un arbre A. Pour cela posant l'œil en O et visant au sommet de l'arbre on placera verticalement un jalon a b. Dont la longueur soit comme de manière que le point a affleure la ligne ab. ab et AB étant verticales seront parallèles et l'on aura ob:ab :: OB:AB. proportion dont le quatrième terme seul est inconnu.

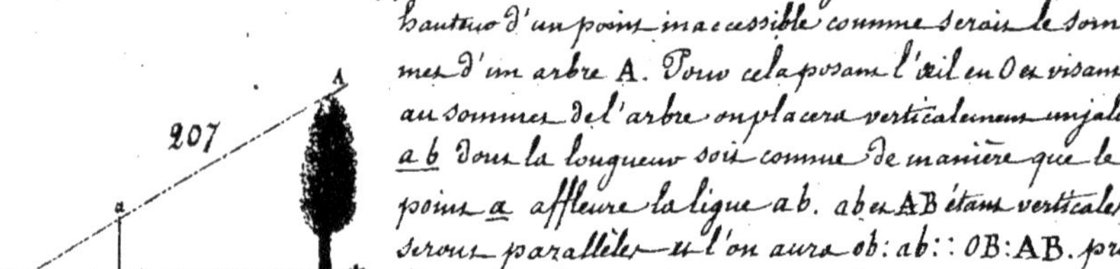

Au lieu de poser l'œil en O ce qui n'est pas commode, on peut se servir de l'ombre produite par la lumière du soleil ; car ob étant la longueur de l'ombre du bâton et OB celle de la longueur de l'arbre, la proportion précédente se vérifierait encore.

Exercices.

Partager des lignes en un nombre donné de parties égales entre elles ou proportionnelles à des lignes données. Opérer sur le terrain les constructions indiquées.

Chap. XV.

Chapitre XV.

Des Figures semblables.

208. ──────── On appelle côtés homologues de deux figures semblables ceux qui sont placés de la même manière dans les deux figures.

209. ──────── On appelle figures semblables celles qui ont les angles égaux chacun à chacun et les côtés homologues proportionnels.

210 ──────── Deux triangles sont semblables lorsqu'ils ont les angles égaux chacun à chacun. C'est-à-dire qu'alors les côtés homologues sont proportionnels. En effet, soient les triangles ABC et abc qui ont les angles égaux chacun à chacun on pourra appliquer l'angle a sur son égal A et alors les sommets b et c tombant en D et E, DE sera parallèle à BC, puisque par supposition les angles ADE, ou abc et ABC sont égaux; on aura donc (190).

$$AD:AB::DE:BC::AE:AC.$$ c'est-à-dire $ab:AB::bc:BC::ac:AC$.

Les triangles ont donc les côtés proportionnels et sont semblables.

Remarquons que puisqu'il suffit que des triangles aient deux angles respectivement égaux pour que le troisième soit aussi égal de part et d'autre; il suffit pour être semblables que deux triangles aient deux angles égaux.

Par suite aussi deux triangles rectangles seront semblables lorsqu'ils auront un angle aigu égal de part et d'autre.

211. ──────── On a vu que les angles de même espèce qui ont leurs côtés parallèles ou perpendiculaires sont égaux (81,82). Donc les triangles qui ont les côtés parallèles ou perpendiculaires sont semblables.

212. ──────── Les triangles qui ont un angle égal compris entre côtés proportionnels sont semblables.

En effet si les triangles ABC et abc ont les angles A et a égaux, on pourra les superposer comme précédemment. De plus si les côtés qui comprennent l'angle égal sont proportionnels on aura $ab:AB::ac:AC$, c'est-à-dire $AD:AB::AE:AC$. Mais on a vu (191) que dans ce cas DE était parallèle à BC. Les angles B et b, C et c sont donc aussi égaux chacun à chacun, et par suite les triangles sont semblables.

213. ──────── Les triangles qui ont leurs trois côtés proportionnels sont semblables.

Pour le prouver soient toujours les mêmes triangles ABC et abc tels que l'on ait $ab:AB::ac:AC::bc:BC$, prenons $AD=ab$ et menons DE parallèle à BC on aura $AD:AB::AE:AC::DE:BC$. Comparant cette proportion avec la précédente on remarquera que les conséquents étant les mêmes les antécédents seront proportionnels (alg. 109). On aura donc $ab:AD::ac:AE::bc:DE$, mais par construction $ab=AD$, donc aussi $ac=AE$ et $bc=DE$. Donc les triangles abc et ADE sont égaux comme ayant les trois côtés égaux ; mais ADE est semblable à ABC, donc abc l'est aussi. Donc &c.

214. __________ La perpendiculaire abaissée du sommet de l'angle droit d'un triangle rectangle sur l'hypothénuse 1° partage ce triangle en deux autres semblables entr'eux et semblables au triangle principal ; 2° elle est moyenne proportionnelle entre les deux segments de l'hypothénuse ; 3° chaque côté de l'angle droit du grand triangle est moyen proportionnel entre l'hypothénuse entière et le segment adjacent.

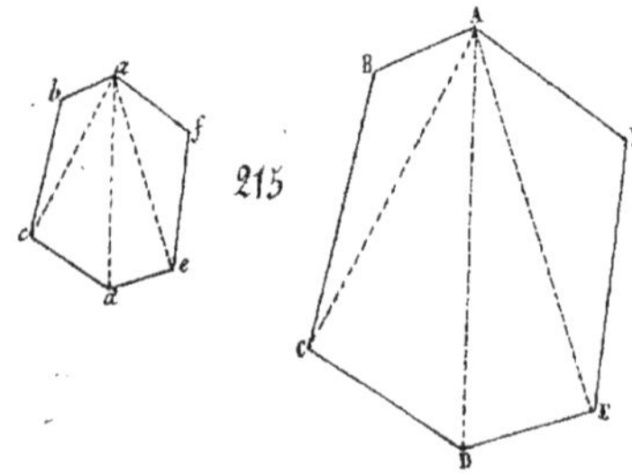

Soit pour le prouver le triangle BAC rectangle en A et AD perpendiculaire sur BC, 1° les deux triangles partiels seront semblables entr'eux comme ayant leurs côtés perpendiculaires l'un à l'autre (108); car BA l'est sur AC, AD sur CD et BD, sur AD. De plus chacun d'eux est semblable au triangle principal comme étant rectangles et ayant un angle aigu commun (210). Cela posé, comparant entr'eux les triangles partiels on aura BD (opposé à l'angle BAD): AD (opposé à son égal C):: AD (opposé à l'angle B): DC (opposé à son égal DAC).

Donc 2° la perpendiculaire AD est moyenne proportionnelle entre les deux segments, BD et DC de l'hypothénuse.

Comparant ensuite le triangle ADB à son semblable BAC il viendra BD (opposé à l'angle BAD): AB (opposé à son égal C):: AB (hypothénuse du petit triangle): BC (hypothénuse du grand).

Donc 3° le côté AB est moyen proportionnel entre le segment adjacent BD et l'hypothénuse entière. On en prouverait autant de AC. Donc &c.

215. __________ Les polygones semblables peuvent se décomposer en un même nombre de triangles semblables et semblablement disposés.

Pour le prouver, soient les polygones sembla= bles $abcdef$, $ABCDEF$. D'après la définition (208) ils auront les angles égaux chacun à chacun et les côtés homologues proportionnels. Si donc nous menons les diagonales ac et AC, les triangles abc et ABC auront un angle égal $b=B$ compris entre côtés proportionnels ; ils seront donc semblables. Par suite les diagonales AC et ac seront aussi proportionnelles aux côtés du polygone et les angles bca et BCA seront égaux. Menons de même les diagonales ad et AD. Les angles acd et ACD seront égaux entr'eux comme différences d'angles égaux. De plus ils sont compris entre côtés proportionnels. Les deux triangles sont donc aussi semblables. En continuant de la même manière, on prouvera la similitude des triangles restants. Donc, &c.

216. _______ Réciproquement. Lorsque des polygones peuvent se décomposer en triangles semblables et semblablement disposés ils sont semblables.

Car si l'on suppose que cela ait lieu pour $abcdef$ et $ABCDEF$, les triangles abc et ABC étant semblables les angles b et B sont égaux ainsi que les angles bca et BCA et l'on aura la proportion $ab : AB :: bc : BC :: ac : AC$. Les triangles acd, ACD étant pareillement semblables, les angles acd, ACD seront égaux, et par suite les angles bcd et BCD qui sont la somme d'angles égaux, de plus on aura $ac : AC :: cd : CD :: ad : AD$ et à cause du rapport commun $ac : AC$ cette proportion réunie à la précédente donne $ab : AB :: bc : BC :: cd : CD :: ad : AD$ et en continuant ainsi au moyen des autres triangles on prouverais l'égalité de tous les angles et la proportionnalité de tous les côtés, donc les polygones sont semblables. Donc &c.

Appliquant à la proportion précédente ce principe que la somme des antécédents est à la somme des conséquents comme un antécédent est à son conséquent il vient : $ab + bc + cd + $ &c $: AB + BC + CD + $ &c $:: ab : AB :: bc : BC$ &c.

C'est-à-dire que les contours (ou périmètres) de deux polygones semblables sont entr'eux comme leurs côtés homologues, et sous ce nom de côtés homologues, il faut comprendre aussi leurs diagonales homologues.

217. _______ Pour faire sur une ligne donnée ab un polygone semblable à un polygone donné $ABCDEF$, il suffira d'après ce qui précède de faire en b un angle égal à l'angle ABC, puis prenant bc qui soit avec BC dans le même rapport

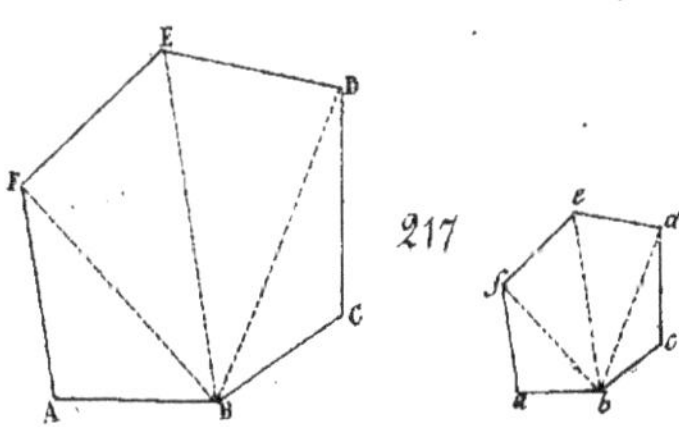

que ab avec AB (196) on aura le point C. En faisant pareillement l'angle c égal à l'angle C et prenant encore cd proportionnel à CD on aura le point d et ainsi des autres. Le polygone ainsi tracé aura les angles égaux et les côtés proportionnels à ceux du premier, il lui sera donc semblable.

On pourrait encore tirer les lignes af et bf, faisant avec ab les mêmes angles que AF et BF avec AB. Les triangles ABF et abf seraient semblables comme ayant leurs angles égaux. De même sur bf on construirait le triangle bfe ayant des angles égaux à ceux de BFE et qu'il en serait encore semblable et ainsi de suite. Le 2ème polygone serait alors semblable au premier comme composé tous deux de triangles semblables et semblablement disposés.

218. _______ Tous les polygones réguliers d'un même nombre de côtés sont semblables. En effet la mesure des angles du polygone ne dépendant que du nombre des côtés (176)

Ces angles seront égaux de part et d'autre. De plus tous les côtés du même polygone étant égaux entr'eux, le rapport de grandeur d'un côté d'un polygone à un côté de l'autre polygone sera le même pour tous. Ils ont donc à la fois les angles égaux et les côtés proportionnels: Donc ils sont semblables.

219. ———————— Étant donné deux polygones réguliers d'un même nombre de côtés, les longueurs de ces côtés seront entr'elles comme les rayons des cercles circonscrits.

En effet le nombre des côtés étant le même, les angles au centre seront aussi les mêmes, et comme les triangles o a b et OAB sont isocèles les lignes a b et AB seront parallèles; car les angles en a et en A, en b et en B seront tous égaux, puisque chacun d'eux est égal à la moitié de 180° moins l'angle O; par suite aussi les côtés a b et AB seront proportionnels à o b et OB. (189)

La démonstration serait la même pour prouver que dans deux cercles donnés les cordes qui soustendent un même nombre de degrés sont proportionnelles aux rayons.

220. ———————— Il résulte de ce qui précède que si l'on a deux polygones réguliers d'un même nombre de côtés inscrits chacun dans un cercle ils seront semblables, et si on inscrit dans chacun de ces cercles un polygone régulier d'un nombre de côtés double, ces derniers seront encore semblables deux à deux et il en sera toujours de même quelque loin que l'on pousse cette division. Or, à la limite ces polygones se confondent avec les cercles. Donc 1°. Les cercles peuvent être considérés comme des polygones d'un nombre infini de côtés; 2° tous les cercles sont semblables; 3° les longueurs des deux circonférences sont entr'elles comme leurs diamètres (qui sont des diagonales), et par suite comme leurs rayons (217).

221. ———————— Si donc on connaissait pour un cercle d'un diamètre quelconque la grandeur exacte de la circonférence, on en conclurait le rapport de la circonférence au diamètre, et le rapport une fois connu il serait facile de trouver la longueur de la circonférence correspondant à un diamètre donné ou la grandeur du diamètre pour une circonférence donnée. Cette question est une de celles qui ont exercé le plus les savants, et l'on n'a jamais pu trouver de construction géométrique par laquelle on pût résoudre graphiquement ce problème important.

Il faut donc recourir au calcul. On a trouvé par un procédé que nous indiquerons plus tard, que le rapport de la circonférence au diamètre était le nombre 3,1415926..... c'est-à-dire que la circonférence est un peu plus grande que trois fois le diamètre. Archimède avait donné pour ce rapport le nombre $3\frac{1}{7}$ ou $\frac{22}{7}$ qui est très près de la vérité. Un autre Géomètre, Adrien Metius avait donné celui de $\frac{355}{113}$ qui l'est beaucoup plus comme on peut s'en assurer.

On désigne ordinairement ce rapport par π. Ainsi appelant d le diamètre, r le rayon c la grandeur de la circonférence, on aura $c = \pi d = 2\pi r$

d'où $d = \frac{c}{\pi}$, $r = \frac{c}{2\pi}$. Ces calculs se font ordinairement par logarithmes. Celui de π est 0, 4971 4987....
Si donc on veut calculer le diamètre exact d'une colonne qui a . . . .

Log. 1, 87 = 0, 27184   par exemple 1, 87 de contour, du log. de 1, 87 on
Log. π = $\overline{1}$, 50285   retranchera celui de π ce qui revient à ajouter
somme $\overline{1}$, 77469   le complément (Alg. 160), la somme donnera le
log. du diamètre qui sera , 0, 595.

222 ________ Au défaut d'une construction exacte pour rectifier la circonférence, c'est-à-
dire pour trouver une ligne droite qui lui soit
égale, il y a des tracés pratiqués qui la don=
nent avec une grande approximation.

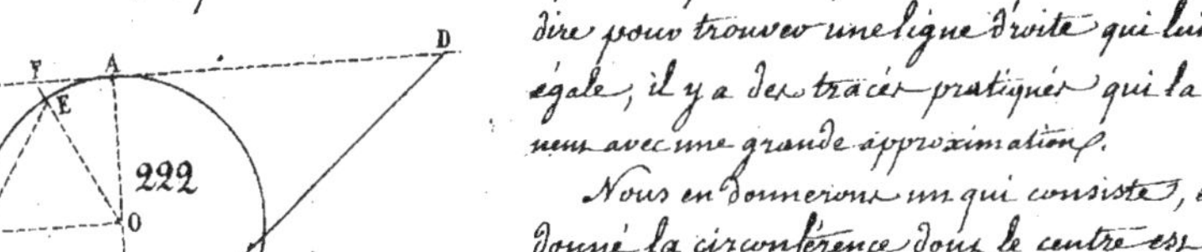

Nous en donnerons un qui consiste, étant
donné la circonférence dont le centre est en O,
amener le diamètre AB et le rayon CO perpendiculaire sur AB. Prenant ensuite CE = OC on
mènera OE qu'on prolongera en F, et à
partir de ce point on portera de F en D sur la ligne FD tangente en A trois fois la
longueur du rayon. Joignant ensuite BD, cette longueur d'après un calcul exact sera égale
à la demi-circonférence à $\frac{1}{15,000}$ près. Erreur bien négligeable.

223 ________ Problème. Construire sur un côté donné un polygone régulier d'un nombre
de côtés quelconque.

Remarquons d'abord que pour le triangle équilatéral, le carré et l'hexagone
la question ne présente aucune difficulté. Pour le triangle équilatéral tous les côtés
étant égaux au côté donné, on le construira comme un triangle dont les trois côtés
sont connus. Pour l'hexagone construisant sur le côté
donné AB un triangle équilatéral dont le sommet est
en O, le point O sera le centre du cercle circonscrit à l'hex=
agone, OB sera le rayon et le cercle étant décrit on achèvera
la construction de l'hexagone.

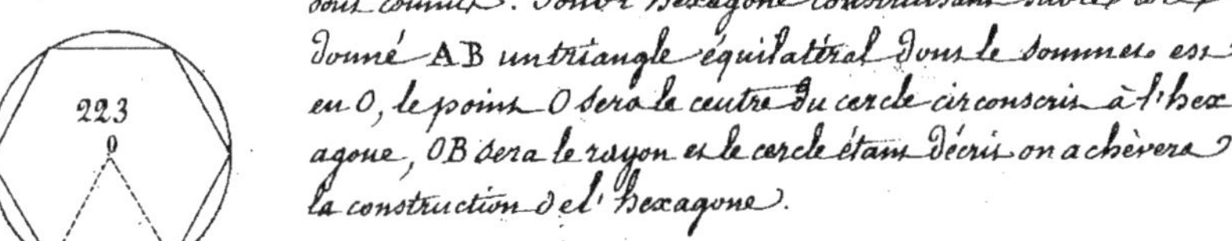

Pour les autres polygones on tracerait d'abord un cercle ABCD de
diamètre quelconque, dans lequel on inscrirait
par un des procédés indiqués (183) un polygone
régulier du nombre de côtés demandé,
par exemple, de 7 côtés, puis par le centre O
on mènera les rayons OA et OB que l'on prolongera s'il est nécessaire. Puis cherchant
une 4me proportionnelle aux lignes AB, MN
côté donné et OA cette 4me proportionnelle
sera OP rayon du cercle dans lequel devra

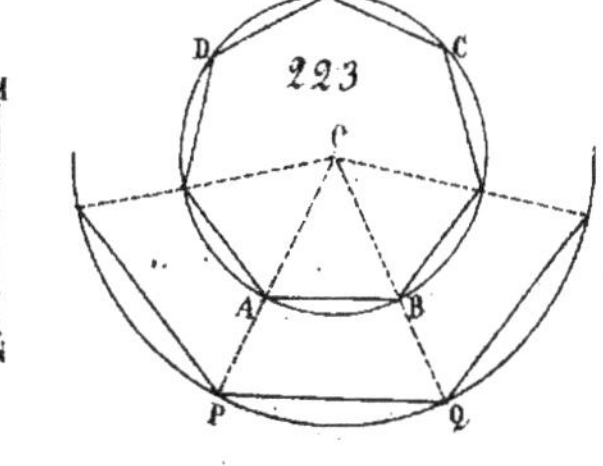

être inscrit l'eptagone dont le côté est égal à MN. En effet, tirant PQ ce sera le côté d'un eptagone régulier il sera égal à MN, puisque sa position est déterminée par la proportion AB:MN::OA:OP. Or on a à cause de la similitude AB:PQ::OA:OP. Donc MN=PQ.

224. —————— On peut encore faire usage pour résoudre cette question du Compas de proportion. Il porte deux lignes marquées Polygones et sur lesquelles se voient des divisions désignées par les nombres 3, 4, 5 &c. jusqu'à 12. Les distances du centre O à ces points sont les longueurs déterminées par expérience de polygones inscrits dans un cercle dont le rayon est égal à la distance O-6, c'est-à-dire que O-6 étant le rayon (ou le côté de l'hexagone) O-3 serait le côté du triangle équilatéral O 4, celui du carré, O 5 celui du Pentagone &c. Cela posé:

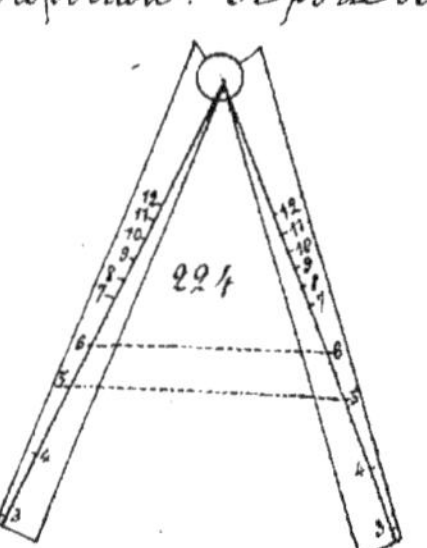

1° Si l'on veut trouver le côté d'un polygone de 12 côtés ou moins, par exemple d'un pentagone que l'on veut inscrire dans un cercle de rayon donné, on ouvrira l'instrument de manière que la distance des points 6-6 soit égale au rayon donné, et alors la distance 5-5 sera le côté du Pentagone. En effet, ces côtés doivent être proportionnels aux rayons des cercles circonscrits (219). Or, on a O-6:O-5::66:5-5. Or, O-5 est le côté du Pentagone correspondant au rayon O-6. Donc la distance 5-5 est le côté du Pentagone correspondant au rayon 6-6.

2° Si au contraire on veut trouver le rayon du cercle circonscrit correspondant à une certaine longueur du côté d'un triangle équilatéral par exemple. On portera cette longueur entre les points marqués 3-3 et la distance des points marqués 6-6 sera le rayon cherché. La démonstration est la même que précédemment.

225. —————— Pour terminer ce que nous avons à dire ici du Compas de proportion, ajoutons qu'on peut en faire usage non seulement pour inscrire un polygone régulier d'un nombre quelconque de côtés, après en avoir déterminé l'angle au centre; mais encore pour marquer sur une circonférence de grandeur donnée un arc d'un nombre quelconque de degrés. Pour cela on fait usage d'une graduation marquée, du nom de Cordes, sur laquelle se voient les nombres de 10 en 10 jusqu'à 180. Les divisions à partir du point O répondent à la longueur des cordes qui sous-tendent des arcs de 10, 20, 30 degrés dans un cercle dont la distance du centre du point marqué 180 est le diamètre.

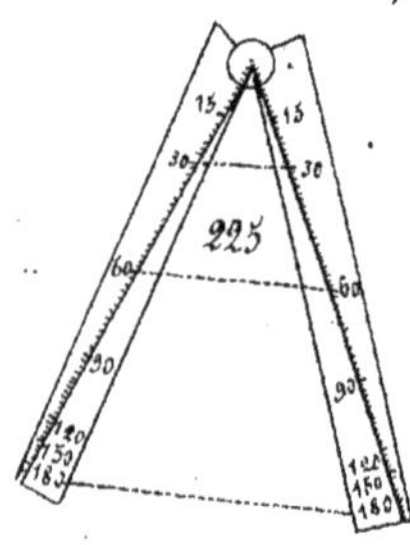

D'après ce qui a été dit (224) en se rappelant que les cordes d'un même nombre de degrés sont proportionnelle aux rayons (219), il sera facile de voir qu'en ouvrant l'instrument de manière que les points marqués 180° soient distants d'une grandeur égale au diamètre d'un cercle donné, les distances 10——10, 20——20, 30——30 &c donneront dans ce cercle la grandeur des cordes de 10°, 20°, 30°, &c. De même étant donné dans un cercle quelconque la grandeur de la corde d'un certain nombre de degrés, 17 par exemple, ouvrant le compas de manière que les points marqués 27 soient entr'eux à cette distance. Alors les points 180 seront éloignés entr'eux de la longueur du diamètre, et tout ce qu'on dit du diamètre pour les points marqués 180, pourrait se dire du rayon pour les points marqués 60° puisque la corde 60° est égale au rayon.

Exercices. —— Construire et calculer les longueurs des circonférences correspondant à des rayons donnés et la grandeur des rayons d'après celle des circonférences. Construire des polygones réguliers dont les côtés aient une longueur donnée.

Chapitre XVI.

Des lignes proportionnelles dans le Cercle.

226. —— Deux cordes qui se rencontrent dans un cercle se coupent en parties réciproquement proportionnelles. C'est-à-dire que si les cordes AB et CD se coupent en M dans l'intérieur du cercle, on aura la proportion MA : MD :: MC : MB. En effet, remarquons

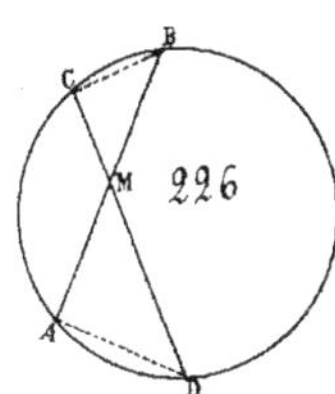

que les triangles MAD et MBC ont les angles en M égaux. De plus l'angle B égale l'angle D comme ayant tous deux pour mesure la moitié de l'arc AC. Les triangles sont donc semblables, et en comparant leurs côtés homologues, on aura MA (opposé à l'angle D) : MC (opposé à son égal B) :: MD (opposé à A) : MB (opposé à son égal C). Donc &c...

227. —— Si les cordes étaient à angle droit et que l'une fut un diamètre, la même proportion aurait toujours lieu ; mais alors MC et MD étant égales on aurait MA : MC :: MC : MB. C'est-à-dire

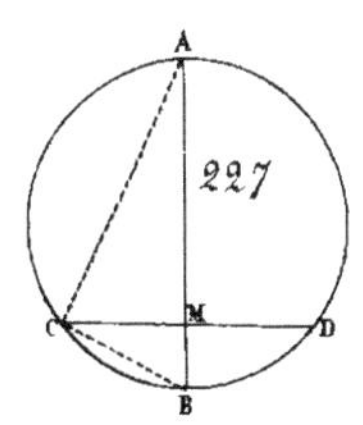

que la perpendiculaire abaissée d'un point quelconque de la circonférence sur le diamètre, est moyenne proportionnelle entre les deux parties de ce diamètre. Ce qu'il était facile de prévoir puisqu'en joignant AC et CB, le triangle ACB est droit et que le diamètre en l'hypothénuse.

228. Si donc

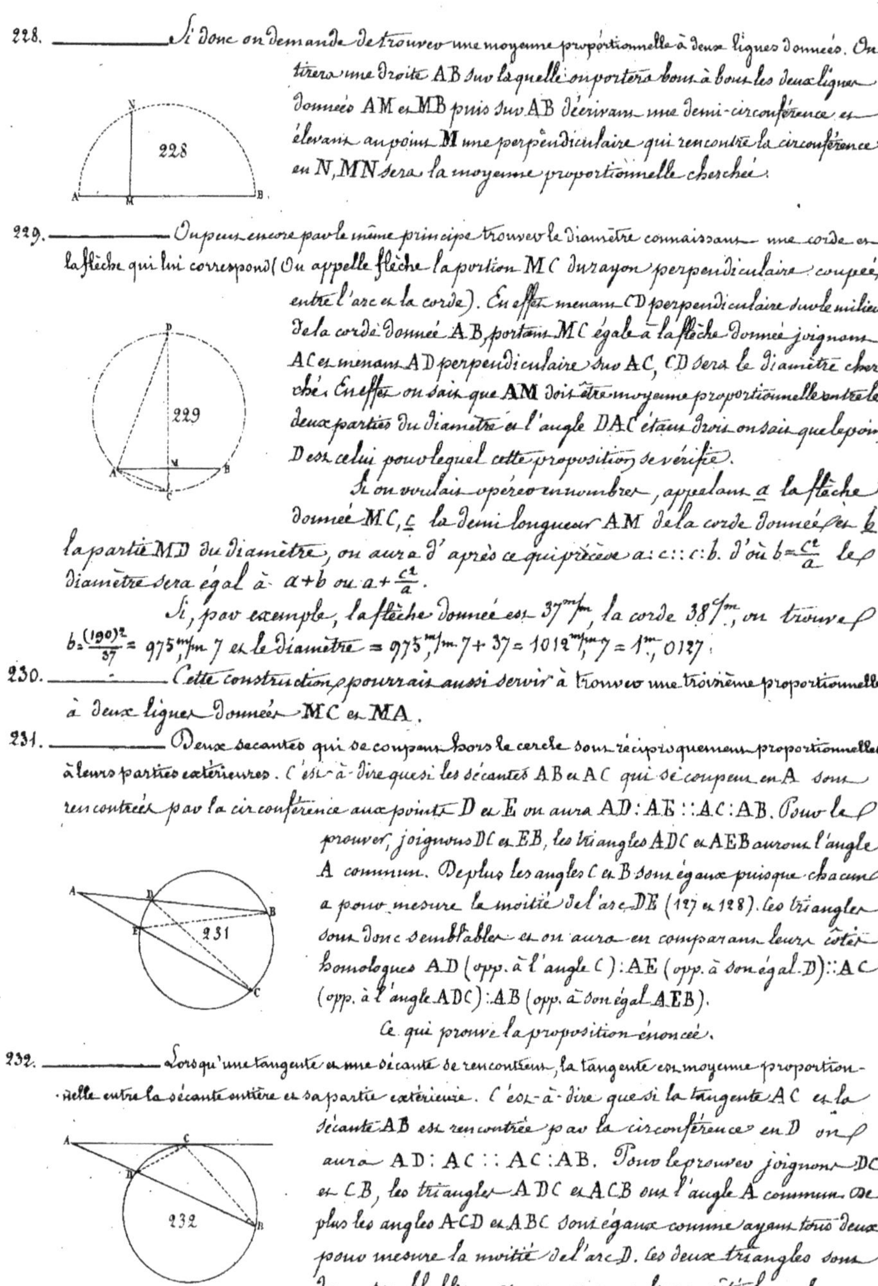

228. — Si donc on demande de trouver une moyenne proportionnelle à deux lignes données. On tirera une droite AB sur laquelle on portera bout à bout les deux lignes données AM et MB puis sur AB décrivant une demi-circonférence et élevant au point M une perpendiculaire qui rencontre la circonférence en N, MN sera la moyenne proportionnelle cherchée.

229. — On peut encore par le même principe trouver le diamètre connaissant une corde et la flèche qui lui correspond (On appelle flèche la portion MC du rayon perpendiculaire coupée entre l'arc et la corde). En effet menant CD perpendiculaire sur le milieu de la corde donnée AB, portant MC égale à la flèche donnée joignant AC et menant AD perpendiculaire sur AC, CD sera le diamètre cherché. En effet on sait que AM doit être moyenne proportionnelle entre les deux parties du diamètre et l'angle DAC étant droit on sait que le point D est celui pour lequel cette proposition se vérifie.

Si on voulait opérer en nombre, appelant a la flèche donnée MC, c la demi longueur AM de la corde donnée et b la partie MD du diamètre, on aura d'après ce qui précède $a : c :: c : b$. d'où $b = \dfrac{c^2}{a}$ le diamètre sera égal à $a + b$ ou $a + \dfrac{c^2}{a}$.

Si, par exemple, la flèche donnée est 37^{mm}, la corde 38^{1cm}, on trouve $b = \dfrac{(190)^2}{37} = 975^{mm} 7$ et le diamètre $= 975^{mm} 7 + 37 = 1012^{mm} 7 = 1^m, 0127$.

230. — Cette construction pourrais aussi servir à trouver une troisième proportionnelle à deux lignes données MC et MA.

231. — Deux sécantes qui se coupent hors le cercle sont réciproquement proportionnelles à leurs parties extérieures. C'est-à-dire que si les sécantes AB et AC qui se coupent en A sont rencontrées par la circonférence aux points D et E on aura $AD : AE :: AC : AB$. Pour le prouver, joignons DC et EB, les triangles ADC et AEB auront l'angle A commun. De plus les angles C et B sont égaux puisque chacun a pour mesure la moitié de l'arc DE (127 et 128). Les triangles sont donc semblables et on aura en comparant leurs côtés homologues AD (opp. à l'angle C) : AE (opp. à son égal D) :: AC (opp. à l'angle ADC) : AB (opp. à son égal AEB).

Ce qui prouve la proposition énoncée.

232. — Lorsqu'une tangente et une sécante se rencontrent, la tangente est moyenne proportionnelle entre la sécante entière et sa partie extérieure. C'est-à-dire que si la tangente AC et la sécante AB est rencontrée par la circonférence en D on aura $AD : AC :: AC : AB$. Pour le prouver joignons DC et CB, les triangles ADC et ACB ont l'angle A commun. De plus les angles ACD et ABC sont égaux comme ayant tous deux pour mesure la moitié de l'arc D. Les deux triangles sont donc semblables et comparant leurs côtés homologues

on aura AD (opp. à ACD) : AC (opp. à son égal ABC) : : AC (opp. à ADC) : AB (opp. à son égal ACB). Ce qui prouve la proposition énoncée.

233. _______ Partager une ligne en moyenne et extrême raison. Une ligne est dite partagée en moyenne et extrême raison, lorsqu'elle est divisée de telle manière que l'une de ses parties soit moyenne proportionnelle entre la ligne entière et l'autre partie. Pour cela, AB étant la ligne à partager; au point A on élèvera la perpendiculaire AO égale à la moitié de AB, puis avec AO comme rayon, et du point O comme centre on décrira un cercle; tirant ensuite BO qui coupe la circonférence en C, et du point B décrivant l'arc CM, le point M sera le point de division, c'est-à-dire que l'on aura $AM : BM : : BM : AB$.

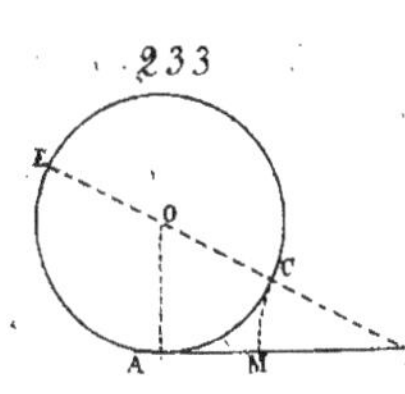

En effet prolongeons BO jusqu'en E, BE étant une sécante et AB une tangente on aura $BE : AB : : AB : BC$. D'où $BE - AB : AB - BC : : AB : BC$, or, $BE - AB = BE - CE = BC$. $AB - BC = AB - BM = AM$ donc $BC : AM : : AB : BC$, ou en changeant les moyens de place et remplaçant BC par son égal BM. $AM : BM : : BM : AB$ c. q. f. d.

234. _______ Cette construction nous donne le moyen d'inscrire dans un cercle le décagone régulier et par suite le pentagone. Car si on partage en moyenne et en extrême raison au point M le rayon AO du cercle donné, la moyenne proportionnelle OM sera le côté du décagone. Pour le prouver prenons une corde AB égale à OM et joignons OB et MB, on aura d'après ce qui précède $OA : OM : : OM : AM$, ou comme $OM = AB$, $OA : AB : : AB : AM$. Or de cette dernière proportion on peut conclure que les triangles OAB et ABM sont semblables puisqu'ils ont un angle commun A compris entre les côtés OA et AB du grand triangle, AB et AM du petit; lesquels sont proportionnels d'après ce qui précède. Les deux triangles sont donc semblables, et comme AOB est isocèle ABM l'est aussi. Donc $BM = AB$ mais $AB = OM$, Donc $MB = MO$. Le triangle OMB est donc aussi isocèle et par suite l'angle BMA qui est égal à la somme des angles MOB et MBO (42) sera double de l'un d'eux. Or, $BMA = MAB = OBA$. Donc le triangle AOB est tel que l'angle O est la moitié de chacun des deux autres. Donc il est la 5ᵉ partie de la somme des trois angles, c'est-à-dire de deux angles droits ou la 10ᵉ partie de 4 angles droits. Donc AB est le côté du décagone.

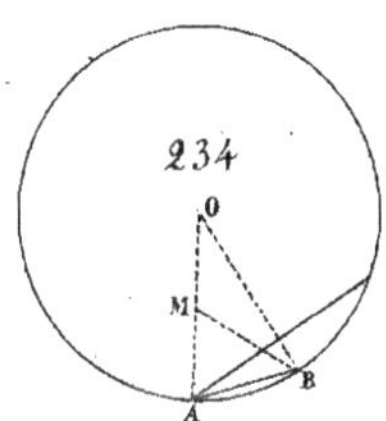

235. _______ Joignant de deux en deux les sommets du décagone on aura le pentagone $ABCDE$, enfin joignant de deux en deux les sommets du pentagone par les lignes AC, CE, EB, BD et DA, on aura une étoile à 5 pointes comme on les trace ordinairement.

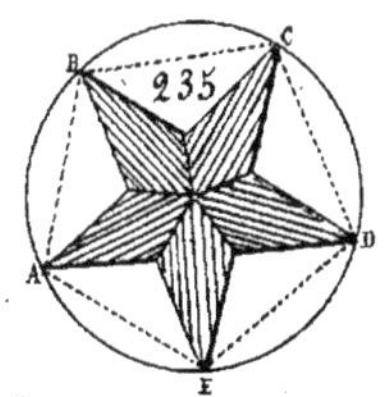

Exercices. — Construire et calculer les diamètres des cercles dont on connaît une corde et sa flèche. Inscrire et construire des décagones et pentagones.

Chapitre XVII.

Du lever des Plans.

236. _________ Lever un plan, c'est tracer sur le papier une figure semblable à une surface donnée sur le terrain, de manière que de part et d'autre, tous les points soient semblablement placés.

237. _________ On appelle points semblablement placés dans deux figures semblables ABC DEF, abcdef, les points comme M et m qui sont tels que menant des lignes MA, MB, ma, mb, aux extrémités de deux côtés homologues AB, ab, les triangles ainsi formés soient semblables.

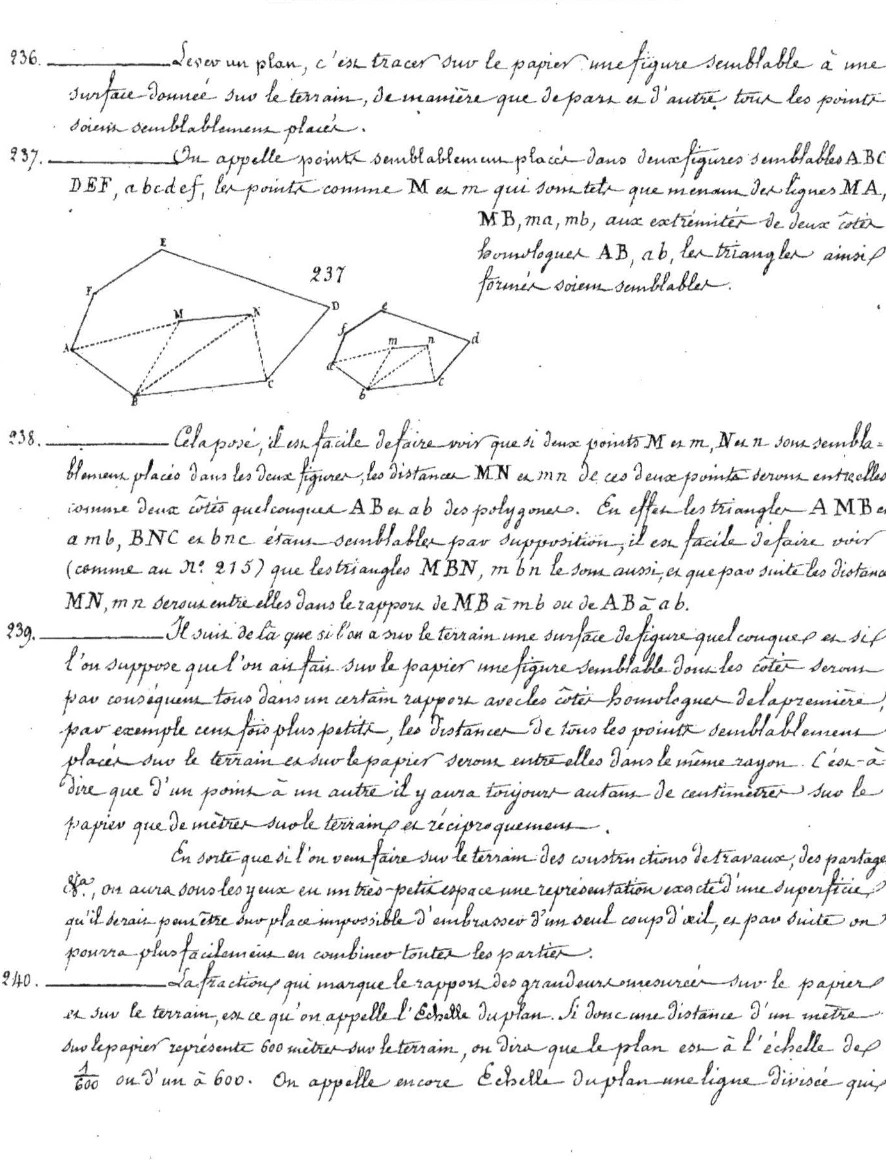

238. _________ Cela posé, il est facile de faire voir que si deux points M et m, N et n sont semblablement placés dans les deux figures, les distances MN et mn de ces deux points seront entre elles comme deux côtés quelconques AB et ab des polygones. En effet les triangles AMB et amb, BNC et bnc étant semblables par supposition, il est facile de faire voir (comme au N.° 215) que les triangles MBN, mbn le sont aussi, et que par suite les distances MN, mn seront entre elles dans le rapport de MB à mb ou de AB à ab.

239. _________ Il suit de là que si l'on a sur le terrain une surface de figure quelconque et si l'on suppose que l'on ait fait sur le papier une figure semblable dont les côtés seront par conséquent tous dans un certain rapport avec les côtés homologues de la première, par exemple cent fois plus petits, les distances de tous les points semblablement placés sur le terrain et sur le papier seront entre elles dans le même rapport. C'est-à-dire que d'un point à un autre il y aura toujours autant de centimètres sur le papier que de mètres sur le terrain et réciproquement.

En sorte que si l'on veut faire sur le terrain des constructions de travaux, des partages, &.ª, on aura sous les yeux en un très-petit espace une représentation exacte d'une superficie, qu'il serait peut-être sur place impossible d'embrasser d'un seul coup d'œil, et par suite on pourra plus facilement en combiner toutes les parties.

240. _________ La fraction qui marque le rapport des grandeurs mesurées sur le papier et sur le terrain, est ce qu'on appelle l'Échelle du plan. Si donc une distance d'un mètre sur le papier représente 600 mètres sur le terrain, on dira que le plan est à l'échelle de $\frac{1}{600}$ ou d'un à 600. On appelle encore Échelle du plan une ligne divisée qui

montre à l'œil la longueur occupée sur le plan par 1, 2, 3 mètres, &c.

241.   La première chose à faire avant de tracer son plan est d'en fixer l'échelle; car elle est arbitraire: On peut la choisir plus ou moins grande selon l'étendue que l'on veut donner aux détails, selon la grandeur du papier dont on dispose, etc; puis on construit l'échelle proprement dite, c'est-à-dire que si par exemple le rapport choisi est de deux centimètres on portera de A en B des distances de deux centimètres chacune et qui représenteront autant de mètres sur le terrain.

241

A 0   1   2   3   4   5   6 mètres B

242.   La division en mètres ne suffit pas, on a souvent besoin de mesurer en décimètres et en centimètres. Pour cela il est une espèce d'échelle fort commode que l'on appelle échelle de Dixme (Dixièmes).

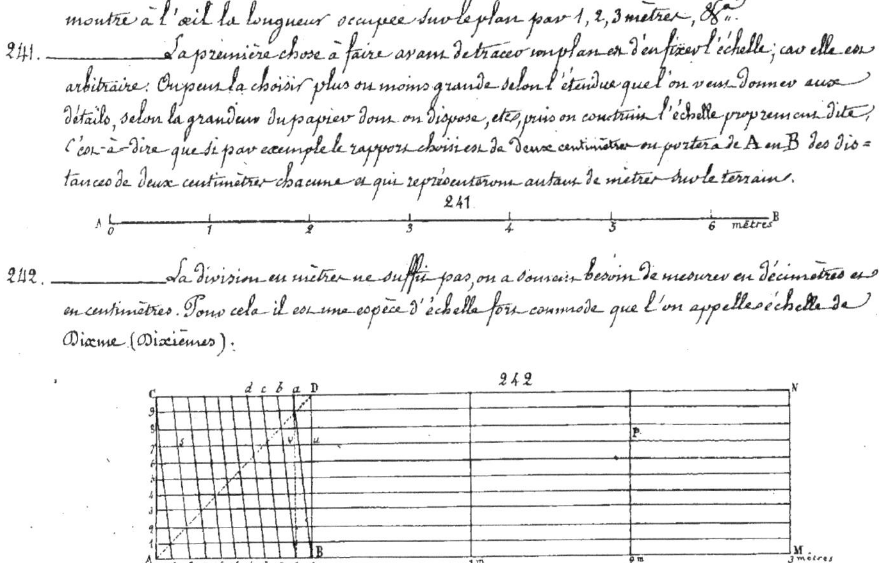

242

Pour la construire AM étant partagée en intervalles représentant chacun un mètre et dont le zéro occupe la 1re division au point B; aux extrémités A et M on élèvera deux perpendiculaires AC, MN sur lesquelles on portera dix fois une distance quelconque, puis on joindra les points de division ce qui formera dix parallèles à AM. Aux points marqués 0^m, 1^m, 2^m, &c. on élèvera pareillement des perpendiculaires telles que BD et joignant AD, les points de rencontre de cette ligne avec les parallèles étant rapportés sur AB et BD par des parallèles à AC, partageront les deux lignes en dix parties égales, c'est-à-dire en décimètres. Puis joignant le point B au point marqué a le décimètre Da serait partagé de même en dix parties égales. Menant des parallèles à cette oblique par les points 1 et b, 2 et c, 3 et d, &c. jusqu'à 9=C il sera facile de mesurer une grandeur exprimée en mètres et centimètres. Si par exemple je veux prendre sur l'échelle une longueur de $2^m 87^c$ je devrai partir de la perpendiculaire marquée 2^m, et pour ajouter 87 centimètres je mettrai la pointe du compas sur la 7e parallèle en P. Les 87 centimètres me conduiront au point S, c'est-à-dire que la longueur sera alors composée de $Pu = 2^m$ et $Su = 0,8$ et $uv = 0,07$.

243.   C'est sur un principe analogue que repose la construction d'une petite échelle que l'on emploie pour mesurer avec une grande précision et que l'on appelle un Vernier.

     Pour apprécier par exemple en dixièmes la fraction des divisions d'une échelle AB. On prendra une autre longueur CD égale à neuf parties de AB et l'on partagera CD pareillement en dix parties égales. Il s'ensuit que chacune des divisions de CD sera égale aux neuf dixièmes des divisions de AB. Si donc on on rapproche la règle CD de AB de manière que les points A et C se confondent, les divisions de CD seront en retard successivement de 0,1—0,2—0,3.... sur celles de AB. En sorte que si CD marche vers la droite d'un dixième de l'une des divisions de AB, les divisions marquées 1 se confondront. Si CD marche encore d'un dixième, la coïncidence aura lieu entre les divisions marquées 2. Pour les 3 dixièmes ce sera la division 3, et ainsi de suite. En sorte que si par une position du Vernier les divisions marquées 8 se confondent, ce sera la preuve que la longueur AC est les 8 dixièmes d'une division de AB. L'avantage de ces instruments, c'est qu'au moyen de divisions assez grandes pour être très-exactes, on peut estimer de très-petites fractions. Il est souvent employé dans les Instruments de précision.

244.   Pour lever un plan il y a deux manières principales d'opérer, l'une en ne mesurant que des distances, l'autre en mesurant tous à la fois des distances et des angles.

245.   Étant donné un certain nombre de points ABCDE, dont il faut relever la position, on imaginera selon qu'il sera commode sur le terrain, des diagonales EB, EC, qui décomposeront la surface à relever en triangles dont on mesurera les 3 côtés. Puis prenant sur le papier une longueur a b qui représente la distance AB, mesurée sur l'échelle du plan, et mesurant sur la même échelle les distances ae, be pour représenter AE, et BE, on construira le triangle a be semblable à ABE puisqu'ils ont leurs côtés proportionnels. On fera de même ebc semblable à EBC, edc semblable à EDC et le problème sera résolu.

246.   Pour opérer avec exactitude il faut avoir soin 1° Si les longueurs à mesurer sont grandes, de poser des jalons sur les lignes de distance en distance, parceque si on s'écartait de la ligne droite, on trouverait les distances plus grandes qu'elles ne sont réellement; 2° lorsque le terrain est ondulé ou incliné, de mesurer horizontalement, parceque le papier sur lequel on opère étant supposé représenter la surface horizontale, si on mesurait des lignes obliques, on se tromperait comme précédemment. Une autre raison, c'est que dans les travaux de construction et dans l'agriculture, les terrains n'ont de valeur qu'à raison de leur surface horizontale puisque les plantes poussent suivant la verticale et que les constructions se font de la même manière; 3° Enfin pour être certain de l'exactitude, il faut se ménager des vérifications. On appelle vérification une seconde manière d'obtenir une position ou une longueur, que l'on connait d'ailleurs, en sorte que les deux résultats devant s'accorder, on serait averti par leur désaccord s'il y avait quelque erreur. Comme par exemple, dans le cas précédent si on mesurait les diagonales AD, AC, elles devraient produire les distances ad, ac, mesurées sur le plan.

247. —————— On voit que ce procédé suppose qu'il est toujours possible de mesurer la distance de chaque point à deux autres points connus afin de déterminer sa position au moyen d'un triangle. Mais il n'en est pas toujours ainsi. Souvent dans les grandes distances il se rencontre des obstacles, comme un marais, des fossés, etc, qui empêchent de mesurer les diagonales; on fait alors usage de la mesure des angles.

248. —————— Pour cela supposons toujours une base AB dont on puisse facilement mesurer

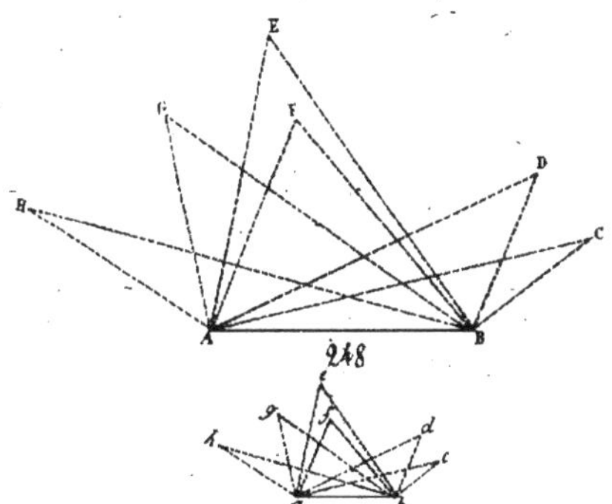

la longueur, et des extrémités de laquelle on puisse voir tous les points à relever. Du point A on mesurera au moyen du graphomètre l'angle CAB que fait le rayon visuel AC avec la base. On mesurera de même les angles DAB, EAB, &c. Puis rapportant l'instrument au point B on mesurera de même les angles CBA, DBA &c. en sorte que prenant sur le papier une longueur ab pour représenter AB, d'après l'échelle, et faisant aux points a et b des angles respectivement égaux à ceux mesurés sur le terrain, les triangles abc et ABC, abd et ABD, abe et ABE &c.

seront semblables comme ayant leurs angles égaux et par suite les points A et a, B et b, C et c &c. seront semblablement placés dans les deux figures. (237)

249. —————— On simplifie ce procédé en employant au lieu du graphomètre une planchette montée sur un pied et sur laquelle on peut observer les directions au

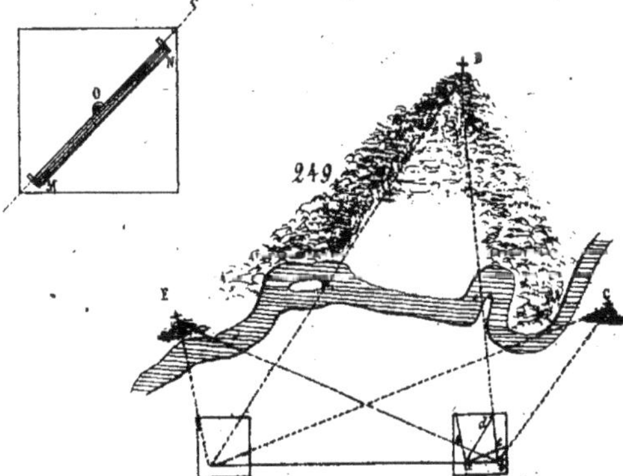

moyen d'une alidade MN tournant autour d'une pointe O qui se trouve sur la ligne des pinnules et que l'on enfonce dans le papier dont la planchette est recouverte. Alors ayant mesuré une base AB figurée par ab sur le plan, posé le point a de la planchette en A, et dirigé la base ab du plan vers le point B au moyen de l'alidade, on dirigera successivement cette même alidade vers les points C, D, E que l'on veut relever, et l'on tracera sur la planchette les alignemens AC, AD, AE; puis portant la planchette en B, fixant l'alidade au point b, dirigeant la base vers le point A et reportant l'alidade vers les points C D E, on tracera de même sur la planchette les directions BC, BD, BE dont les intersections avec les précédentes donneront directement sur le papier la position des points c, d, e.

250. —————— Dans ce procédé comme dans le précédent, il est bon de se ménager des vérifications

en mesurant lorsque la chose est possible, quelques distances qui, reportées sur le plan au moyen de l'échelle doivent s'accorder avec la distance des mêmes points déterminée par l'observation des angles.

251. S'il arrivait qu'il ne fût pas possible de trouver une base convenable, des extrémités de laquelle on put voir tous les points à observer, on diviserait l'opération, et après avoir fait usage de la base AB pour relever les points O, P, Q, R, &c on choisirait une 2me base MN dont les extrémités fussent visibles des points A et B, et après y avoir planté deux jalons on en fixerait la position avec soin; vérifiant l'opération par la mesure de cette base, après quoi on en ferait usage, pour fixer la position des points S, T, U que l'on peut découvrir du point B.

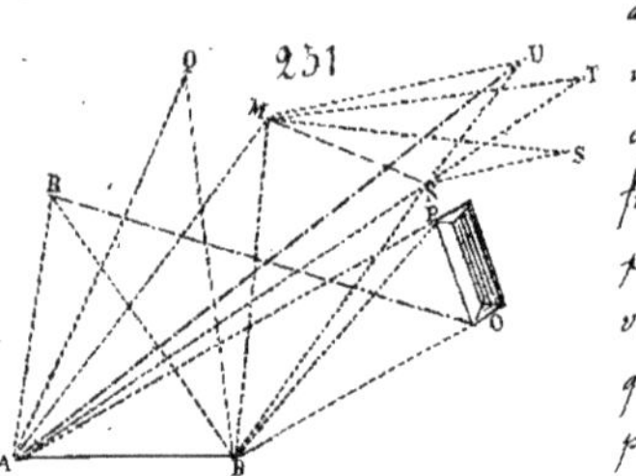

252. S'il n'y avait qu'un ou deux points invisibles, et si dans ce point T, par exemple, on pouvait facilement diriger des rayons visuels à trois points connus P, R, Q et observer les angles que font les rayons, on sait que cela suffirait pour déterminer la position de ce point (138).

253. Ajoutons encore que si un point à relever, O par exemple, ne pouvait être observé que très-obliquement des points A et B, il faudrait, ou l'observer de quelqu'autre point mieux situé, comme R par exemple, et se servir de l'angle BRO pour en vérifier la position, ou encore mesurer les distances BO si la chose était possible; car lorsque deux figures sont obliques l'une sur l'autre, leur intersection varie beaucoup pour peu que l'on fasse varier l'angle qu'elles font entre elles; en sorte que c'est un mauvais moyen de fixer la position d'un point.

254. Si d'un même point O on pouvait apercevoir tous les points à relever, et en même temps mesurer les distances OC, OD, OE, &c alors plaçant soit le graphomètre soit la planchette en O, et prenant pour point de départ une ligne quelconque AO on reproduirait sur le papier tous les angles, AOB, BOC et COD, &c et portant sur ces directions les longueurs observées, on aurait une figure semblable du terrain, puisqu'elle serait toute composée de triangles semblables comme ayant tous un angle égal, compris entre côtés proportionnels.

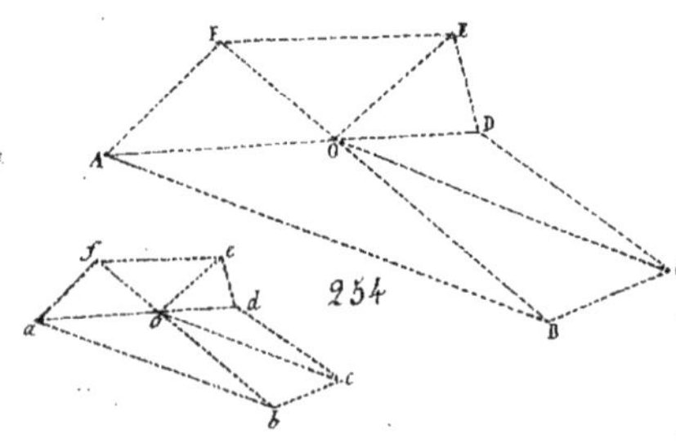

255. S'il

255. ———— S'il s'agit de relever des lignes irrégulières, comme le serpentemens d'une rivière, le contour irrégulier d'un bois &c., on tracera soit une ligne MN ou un polygone ABCDE dont on déterminera la position, puis en des points m, n, p, q, r, &c. choisis convenablement que l'on déterminera par leurs distances aux points M et N, A et B, on mènera avec l'équerre (37) ou autrement des perpendiculaires dont on mesurera les longueurs, et qui reportées sur le plan donneront autant de points que l'on voudra de ce contour irrégulier.

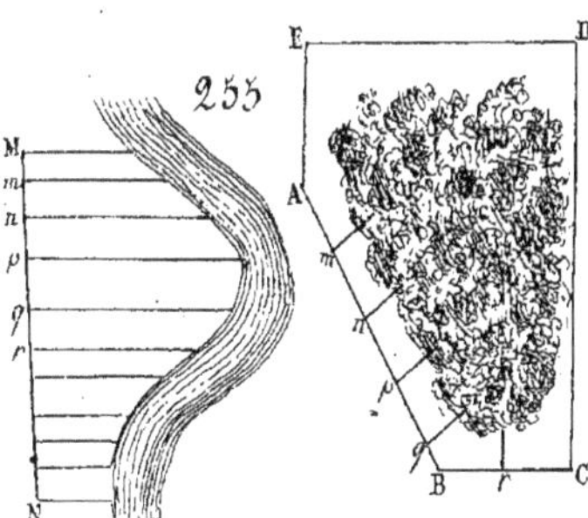

256. ———— Pour mesurer des angles dans le levé des plans, lorsqu'on n'a pas besoin d'une grande exactitude, on emploie avec avantage la Boussole. On sait que la partie essentielle de ces instrumens est une aiguille dont la direction est toujours la même. Pour s'en servir dans l'arpentage on la fixe au centre d'un cercle gradué qui porte à l'extérieur de pinnules dont la direction répond au zéro de la graduation du cercle. D'après cela pour relever avec la Boussole l'angle ABC, je porte la boussole en A et je dirige la ligne des pinnules sur AB. L'aiguille marque alors sur le cercle le nombre de degrés de l'angle NAB et on en tient note. Je transporte ensuite l'instrument en B, je dirige la ligne des pinnules suivant BC, l'aiguille marquera l'angle PBC et la différence de ces deux angles sera la mesure de l'angle CBD que fait BC avec le prolongement de AB, et le supplément de cet angle sera la mesure de l'angle ABC.

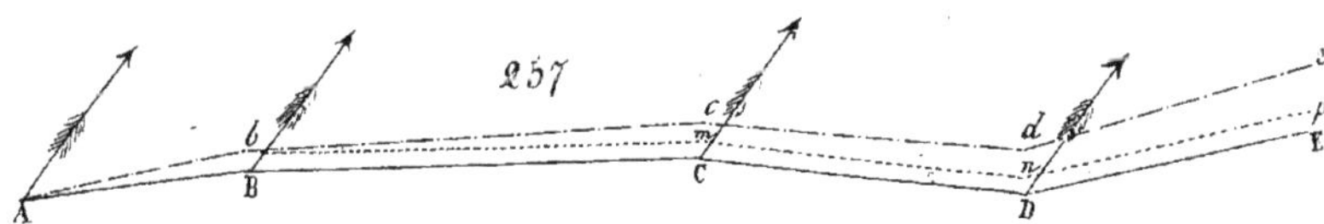

257. ———— L'emploi de la boussole est surtout avantageux quand il faut mesurer une suite d'angles qui dépendent l'un de l'autre. Ainsi pour relever le chemin ABCDE on pourra mesurer avec le graphomètre les angles ABC, BCD, CDE, &c.; mais si on se trompe sur un seul de ces angles, l'erreur se répétera sur tous les autres. Comme exemple on a tracé sur la figure la ligne A b c d e où il n'y a d'erreur que sur la direction du côté AB. En supposant les mêmes relevemens faits avec la Boussole, comme on mesure chaque angle non pas à l'égard du côté précédent, mais avec une direction fixe, l'erreur ne se répète pas. Ainsi à partir

du point b (supposé que la même erreur eut été faite), la nouvelle direction marcherait parallèlement à l'ancienne suivant b m n p.

Au lieu d'un chemin, on peut citer comme un exemple du même genre celui d'un polygone tracé autour d'un bois pour en faire le relèvement (254).

258. — Lorsqu'on relève les angles à la planchette ou au graphomètre, il n'en faut pas moins une observation à la Boussole pour orienter le plan, c'est-à-dire y tracer [la] ligne Nord et Sud. Pour cela on lève au moyen de la Boussole l'angle que fait l'aiguille avec une ligne AB dont la position est comme sur le plan, afin de pouvoir tracer sur le plan la direction de l'aiguille.

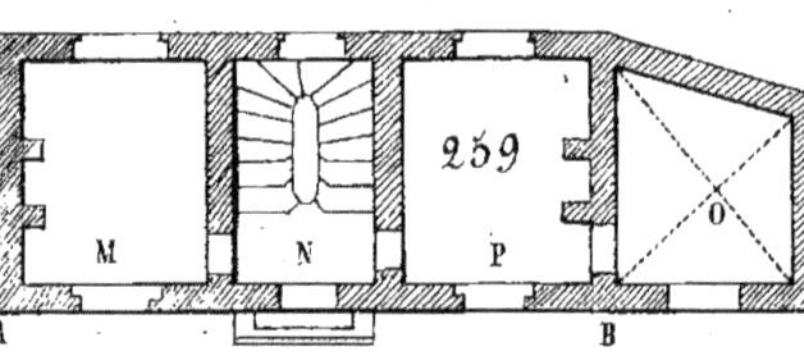

Mais il y a ici une observation à faire, c'est que la Boussole ne donne pas directement la direction du Nord. Dans l'état actuel la boussole se dirige à environ 22° vers l'Ouest de la ligne Nord et Sud ou du Méridien. C'est ce qu'on appelle la déclinaison de l'Aiguille aimantée. Il faudra donc après avoir rapporté sur le plan la Direction A n de l'aiguille, pour avoir la direction du vrai nord, tirer une ligne NS, faisant avec la première un angle à l'Est de 22°.

259. — Pour lever le plan détaillé d'un édifice, s'il est régulier, il suffit de mesurer la longueur et la largeur des pièces avec les épaisseurs des murs et le tracé du plan n'offre aucune difficulté puisque toutes les lignes qui le composent sont des perpendiculaires ou des parallèles.

On a soin seulement de se ménager [des] vérifications; ainsi par exemple, la longueur AB mesurée par dehors doit être égale à la somme des largeurs des pièces M, N, P plus les épaisseurs de murs.

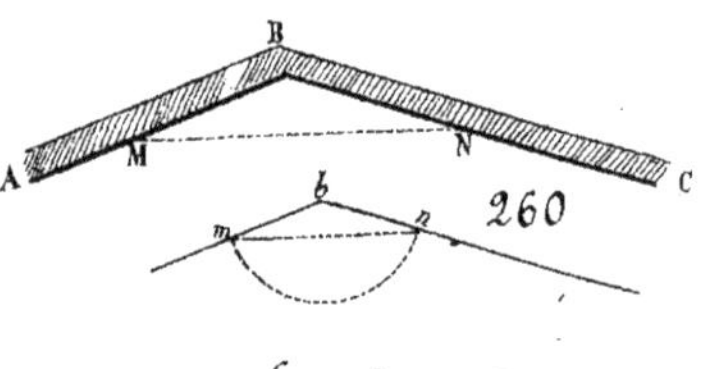

on mesure toutes les longueurs des côtés et les diagonales; après quoi il n'y a plus de difficulté.

S'il y a des pièces irrégulières comme

S'il s'agissait des angles d'un mur de Jardin par exemple, où il ne fut pas possible de mesurer des diagonales comme ABC on porterait du point B deux distances égales quelconques BM, BN et on mesurerait la ligne MN. Puis sur le plan du point b décrivant un arc avec le rayon bm égal à la longueur de AB mesurée à l'échelle et portant mn égal à MN, puis enfin joignant bn, on aurait l'angle demandé.

260. — Si au lieu de lever un plan il s'agissait simplement de copier un plan donné en changeant la grandeur de l'échelle, on commencerait par fixer le rapport dans lequel on voudrait le faire plus grand ou plus petit. Si on veut par exemple augmenter toutes les dimensions dans le rapport de 7 à 4 on construira par le procédé indiqué (198 et 199) une échelle dont les divisions soient plus grandes que celles du plan dans le rapport

de 7 à 4; puis mesurant au moyen de l'échelle du plan donné une distance quelconque qui se trouvera par exemple de 6^m 27, on l'augmentera dans le rapport voulu en prenant cette même distance de 6^m 27 sur la nouvelle échelle. Le compas de proportion (202) peut être commodément employé dans le même but et dispense de mesurer sur l'échelle.

261. —————— Dans les établissements où ces sortes d'opérations sont très-fréquentes, on fait usage d'un instrument nommé Pantographe. Il y en a de plusieurs espèces, voici la plus commode : des tringles assemblées à charnière formant un parallélogramme ABCD. Les côtés AB et AD sont prolongés en E et en F, et les tringles BE, BC et DF sont garnies de supports à coulisse que l'on peut fixer en tel point que l'on veut, ce qui portent l'une une pointe en métal appelée traçoir et une autre un crayon; la 3me est fixée à un pivot immobile; et il faut que ces trois points soient toujours en ligne droite. Supposons le pivot en P, le crayon en m et le traçoir en M, les triangles PBm et PAM seront semblables et les lignes Pm et PM seront entre elles comme PB et PA. Pour une autre position n et N du crayon et du traçoir, les triangles Pbn et PaN seront encore semblables et les lignes Pn et PN proportionnelles

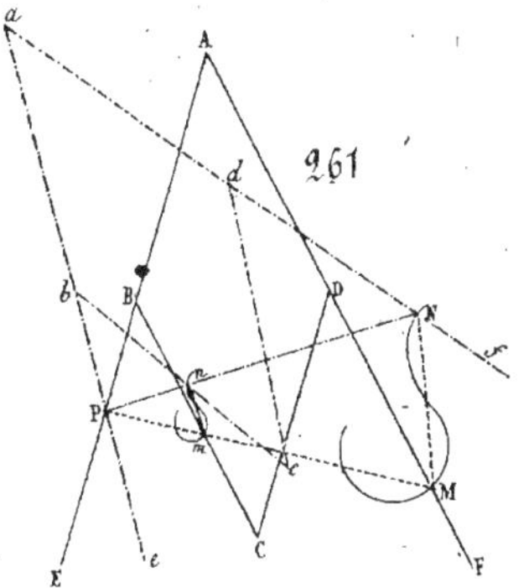

à Pb et Pa, c'est-à-dire à PB et PA. Les lignes Pn et PN sont donc entre elles comme Pm et PM et par suite les triangles Pnm et PNM seront semblables, c'est-à-dire qu'en prenant les points Pm et M pour points de départ, les points n et N seront semblablement placés, en sorte que suivant avec le traçoir le contour MN, le crayon tracera le contour semblable mn, dont toutes les dimensions seront entr'elles comme Pm, PM.

On peut varier l'emploi de l'instrument en posant par exemple le pivot en m et le traçoir en P. Mais il est facile de voir que toujours les dimensions homologues des figures seront entre elles comme les distances mesurées du pivot au traçoir ou au crayon.

262. —————— Si on voulait simplement copier un plan sans changer d'échelle l'opération est encore plus facile, puisqu'il suffit de faire des figures égales, ce à quoi on parvient facilement en imaginant des triangles; mais dans ce cas le plus souvent on trace sur le plan à copier un réseau de lignes parallèles, et on n'a plus à copier que chaque petit carré isolément, ce qui est plus facile. Le procédé s'applique aussi au cas où l'on copie un plan en changeant l'échelle, seulement on fait alors le réseau du second plan dans les rapports voulus avec les dimensions du premier.

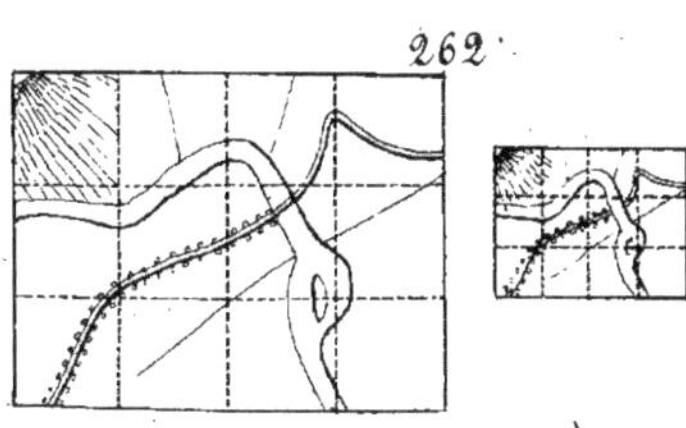

263. —————— Si le plan à copier avait une échelle divisée en pieds, pour y substituer une

échelle métrique; mais sans en changer la grandeur, on ferait usage de cette remarque que 4 pieds équivalent à 13 décimètres (l'erreur n'est que de 2/3 de millimètre en tout, c'est-à-dire de moins de $\frac{1}{100}$), et alors prenant sur l'échelle la longueur AB = 4 pieds, prenant sur une ligne AM, 13 distances égales, joignant B et menant par le 10ᵉ point de division N C parallèle à M B, A C serait la grandeur du mètre qui pourrait être immédiatement divisé en décimètres.

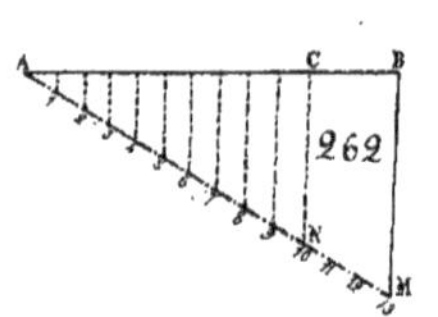

Pour des plans de quelqu'étendue on pourrait faire usage de cette autre remarque que 157 pieds valent précisément 31 mètres et même on pourrait en conclure la grandeur correspondante à 60 ou à 120 pieds, c'est-à-dire à 10 ou 20 toises), si l'échelle était donnée en toises.

Exercices. — Lever des plans et en copier en les changeant d'échelles.

Chapitre XVIII.

De la mesure des Surfaces.

263. — Jusqu'ici nous ne nous sommes occupés de figures que pour mesurer ou comparer les longueurs des lignes qui les composaient. La grandeur des angles eux-mêmes a été mesurée par la longueur des arcs décrits de leur sommet comme centre. Maintenant nous allons nous occuper de la 2ᵐᵉ espèce d'étendue, c'est-à-dire de mesurer et de comparer les grandeurs des surfaces des figures.

264. — Pour mesurer les surfaces il faut d'abord convenir d'une unité de mesure. L'unité adoptée est la surface du carré construit sur l'unité de longueur. C'est-à-dire que si la longueur AB par exemple est l'unité de longueur, le carré ABCD construit sur AB sera l'unité de superficie. Ensorte que dans les mesures où le mètre est l'unité de longueur, l'unité de surface est le mètre carré. Si l'unité de longueur (ou linéaire) était le décamètre, le décimètre, &ᶜ, l'unité de superficie serait le décamètre carré, le décimètre carré &ᶜ; c'est-à-dire les carrés ayant pour côté le décamètre, le décimètre, etc.

265. — Soit maintenant un carré ABCD dont le côté soit égal exactement à un certain nombre de fois l'unité linéaire, à 4 mètres par exemple. Par les points de division m, n, p du côté AB, et q r s du côté A D, menons des perpendiculaires à ces côtés, le carré se trouvera partagé en 4 bandes d'un mètre de hauteur sur 4 de longueur, et dont chacune renfermera

par conséquent 4 mètres carrés, la surface sera donc égale à 4 fois 4 ou 16 mètres carrés. Or, il en serait de même de tout autre nombre; d'où l'on conclut que pour avoir l'aire d'un carré (c'est-à-dire le nombre de fois qu'il contient l'unité de surface) il faut multiplier par lui-même le nombre des unités linéaires que renferme son côté. C'est delà qu'on a appelé carré d'un nombre le produit de ce nombre par lui-même.

266 ———— Les carrés se désignent comme en Algèbre. Ainsi 4 mètres carrés s'écriront 4^{m^2} et le carré construit sur AB se désignera $\overline{AB}^2$ et signifiera le produit de AB par AB. Mais il est entendu que le produit de deux lignes suppose qu'elles sont évaluées en nombres et que ce sont les nombres que l'on multiplie l'un par l'autre, comme nombres abstraits, et le produit donne le nombre de mètres carrés de la surface.

267. ———— Les aires de deux carrés sont entre elles comme les carrés de leurs côtés. Pour le faire voir soient les carrés ABCD, AEFG dont on superpose un des angles. Supposons

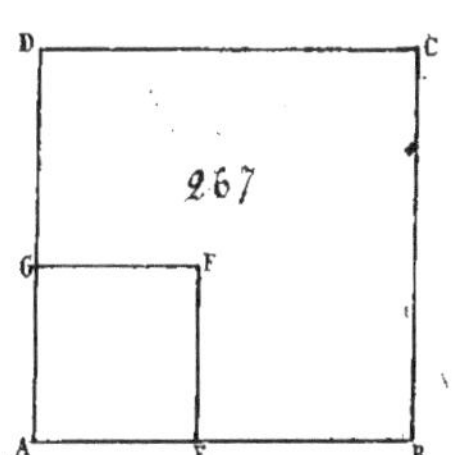

d'abord que le côté AB puisse être partagé en un nombre de parties égales tel qu'il tombe exactement un point de division en E, supposons que AB contenant ainsi m parties, AE en contienne un nombre n, les côtés AB et AE seront entre eux dans le rapport de m à n. Or, en prenant la grandeur de ces parties pour unité de longueur, la surface du carré ABCD sera égale m^2 unités de surface et celle du carré AEFG à n^2 des mêmes unités, on aura donc

$$\text{Surf. AC} : \text{Surf. AE} :: m^2 : n^2.$$

Si les côtés AB, AE n'avaient pas de commune mesure, on pourrait diviser AB en un nombre de parties égales de plus en plus grand, et si grand qu'il finirait par y avoir un point de division, qui, se rapprochant toujours du point E, à la limite, se confondrait avec lui. Or, pour tous les nombres de subdivision de AB, la proportion précédente se vérifie, à la limite elle se vérifiera donc encore; c'est-à-dire que la proportion précédente a lieu pour les côtés incommensurables aussi bien que pour ceux qui ont une commune mesure. Donc, &c.

268. ———— Il ne faut pas perdre de vue que dans les proportions entre les surfaces, de même que pour celles entre les lignes (187) on les suppose toujours exprimées en nombres; et c'est entre ces nombres que l'égalité des rapports a lieu.

269. ———— Si donc le côté d'un carré devient deux fois plus petit ou plus grand, sa surface devient 4 fois plus petite ou plus grande. Si le côté devient dix fois plus grand ou plus petit, la surface sera cent fois plus grande ou plus petite. Ainsi l'are étant un carré de dix mètres de côté, c'est-à-dire un décamètre carré, le mètre carré sera un centiare et cent ares ou un hectare répondront à un carré d'un hectomètre de côté.

270. ———— Il faut donc prendre garde de confondre dans l'énoncé des mesures métriques, un décimètre ca. é, ... ec un dixième de mètre carré, un centimètre carré avec

un centième de mètre carré, etc. Car un dixième de mètre carré est une bande d'un décimètre de haut sur un mètre de large ; ce qui vaut par conséquent dix décimètres carrés. De même un centième de mètre carré est une bande d'un centimètre de haut sur un mètre de large ; et vaut cent centimètres carrés. De même un millième de mètre carré vaut mille millimètres carrés. Si donc on a à énoncer la quantité $17^{m²},27$ il faudra dire 17 mètres carrés 27 centièmes, et non pas 17 mètres carrés 27 centimètres carrés. Cette remarque est essentielle.

271. ______ Deux rectangles de même hauteur sont entre eux comme leurs bases.

Pour le prouver, soient les deux rectangles ABCD, AEFD supposés de même hauteur, en sorte que l'on pourra superposer deux de leurs angles en A et en D. Alors si AE est commensurable avec AB, c'est-à-dire si AB peut être partagé en m parties telles que AE en contienne exactement n, on pourra par les points de division p, q, r, &c. supposer des parallèles à AD qui partageront le rectangle AC en m bandes égales entre elles puisqu'elles pourront s'appliquer exactement l'une sur l'autre et le rectangle AE contiendra n de ces bandes, on aura donc d'après cela, Surf. AC : Surf. AF :: $m:n$.

Si les côtés AE, AB n'étaient pas commensurables, on démontrerait que la proportion précédente se vérifie encore, comme on l'a fait pour les carrés (267). Donc, &c.

272. ______ Deux rectangles quelconques sont entre eux comme les produits de leurs bases par leurs hauteurs. Soient en effet les deux rectangles ABCD, AEFG dont on ait superposé l'angle A. Prolongeons GF jusqu'en H, les rectangles AF et AH ayant même hauteur seront entre eux comme leur base, et on aura : surf. AE : surf. AH :: AE : AB.

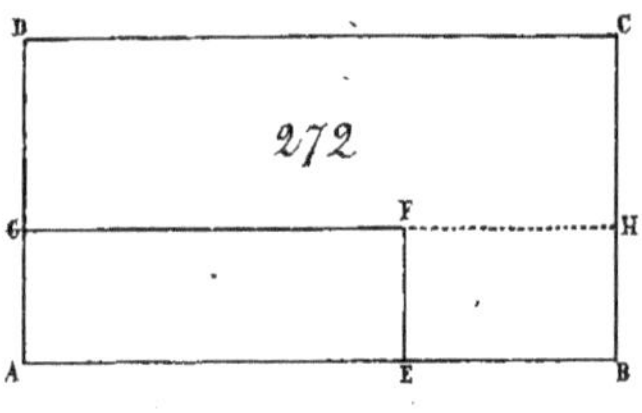

Les rectangles AH et AC ayant même base AB seront entre eux comme leurs hauteurs et l'on aura surf. AH : surf. AC :: AG : AD ; multipliant les proportions terme à terme, et supprimant dans le premier rapport le facteur commun surf. AH il vient surf. AF : surf. AC :: AE $\times$ AG : AB $\times$ AD, ce qui prouve la proposition énoncée.

D'après cela il est facile de voir que l'aire d'un rectangle est égale au produit de sa base par sa hauteur. En entendant, comme il a été expliqué (261), par ce mot de surface ou aire le nombre de fois qu'elle contient l'unité de superficie ; en par ce produit des lignes (266) le produit des nombres qui marquent combien de fois chacune d'elles contient l'unité de longueur. En effet, soit le rectangle ABCD, à l'angle A, et sur l'unité de longueur construisons le carré AEFG, il représentera l'unité de surface. Or, d'après ce qui précède on aura :

surf: ABCD : surf: AEFG :: AD×AB : AG×AE, ou ce qui revient au même,

$$\frac{\text{surf. ABCD}}{\text{surf. AEFG}} = \frac{AD \times AB}{AG \times AE} = \frac{AD}{AG} \times \frac{AB}{AE} \quad \text{or} \quad \frac{\text{surf. ABCD}}{\text{surf. AEFG}} \text{ est}$$

le nombre qui exprime combien de fois le rectangle contient l'unité de superficie $\frac{AD}{AG}$, $\frac{AB}{AE}$ expriment combien de fois les côtés du rectangle contiennent l'unité de longueur. Le premier nombre est donc égal au produit des deux derniers. Donc ; &c.…

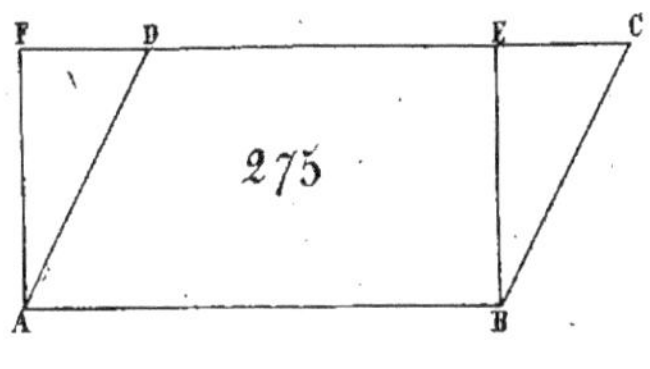

273. ———— On peut encore d'après cela se rendre compte des différents produits que l'on obtient lorsque les côtés du carré ou du rectangle sont égaux à un nombre d'unités entières plus une fraction. Si par exemple dans le carré ABCD chaque côté est égal à une partie entière représentée par a et à une fraction représentée par b, la surface sera représentée par $(a+b)^2 = a^2 + 2ab + b^2$. Or, il est facile de voir sur la figure que la composition du carré algébrique correspond exactement à celle du carré géométrique. Ainsi a^2 est le carré construit sur la partie entière a, $2ab$ sont les deux rectangles dont un des côtés est la partie entière a, et l'autre la fraction b, b^2 est le carré construit sur la partie fractionnaire et l'ensemble de ces diverses superficies reproduit l'aire totale.

De même si un rectangle avait sa base composée d'une partie entière a et d'une fraction c, et sa hauteur égale à une partie entière b plus une fraction d, le produit de la base par la hauteur $(a+c)(b+d)$ se composerait des quatre produits $ab + ad + bc + bd$ qui tous répondent à des portions distinctes de la surface totale.

274. ———— On a appelé figures égales celles qui peuvent se superposer (60); mais on appelle figures équivalentes celles qui sans pouvoir se superposer sont néanmoins égales en superficie.

275. ———— Deux parallélogrammes de même base et de même hauteur sont équivalents. Soient en effet les parallélogrammes ABCD et ABEF que l'on peut supposer appliqués l'un sur l'autre de manière que les bases se confondent et que les côtés parallèles aux bases soient sur une même ligne FC parallèle à AB. Dans cette position les autres côtés des parallélogrammes formeront des triangles FAD et EBC, lesquels seront égaux, car

AF=BE et AD=BC comme côtés opposés des parallélogrammes. Les angles FAD et EBC sont égaux comme ayant leurs côtés parallèles. Les triangles ont donc un angle égal compris entre deux côtés égaux et sont égaux; or, chaque parallélogramme se compose de la partie DABE qui leur est commune, plus un des triangles; or, se composant de parties égales, ils sont équivalents. Donc, &c.

276. ———— Il suit de là qu'un parallélogramme quelconque est égal en surface au rectangle qui a même base et même hauteur que lui. Or, ce rectangle a pour mesure le produit de sa base par sa hauteur. Donc tout parallélogramme a pour mesure le produit de sa base par sa hauteur.

277. ———— Un triangle est la moitié d'un parallélogramme de même base et de même hauteur.

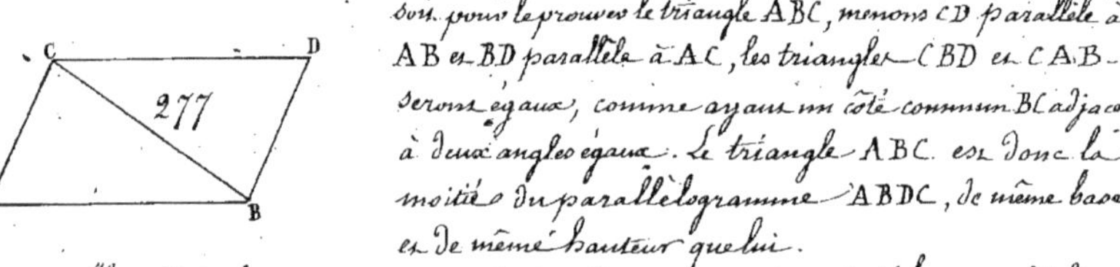

soit pour le prouver le triangle ABC, menons CD parallèle à AB et BD parallèle à AC, les triangles CBD et CAB seront égaux, comme ayant un côté commun BC adjacent à deux angles égaux. Le triangle ABC est donc la moitié du parallélogramme ABDC, de même base et de même hauteur que lui.

278. ———— Il suit de là 1.° que pour calculer l'aire d'un triangle, il faut multiplier la base par la hauteur et prendre la moitié du produit. Ou encore multiplier soit la base par la moitié de la hauteur; soit la moitié de la base par la hauteur. 2.° Que tous les triangles qui ont même base AB et leurs sommets sur une ligne parallèle à AB la base, sont équivalents puisque tous ont même base AB, et même hauteur CD.

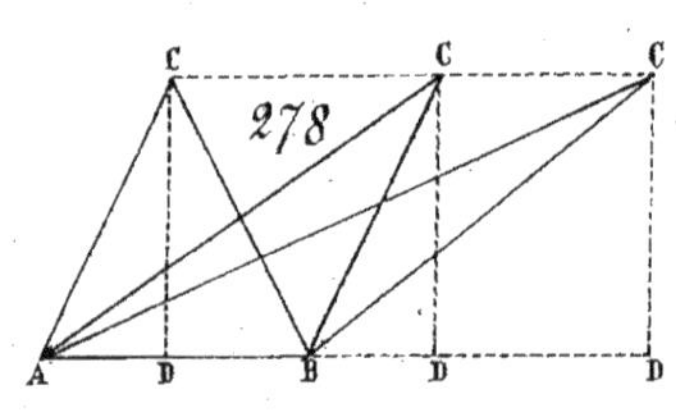

279. ———— Considérons maintenant le trapèze ABCD et par le point C menons CE parallèle à AD et abaissons CH qui mesure la hauteur du trapèze, le parallélogramme AECD aura pour mesure AE × CH et le triangle ECB aura pour mesure $\frac{EB}{2}$ × CH. La somme sera AE × CH + $\frac{EB}{2}$ × CH, c.à.d. CH × $\left(AE + \frac{EB}{2}\right)$ = CH × $\left(\frac{2AE+EB}{2}\right)$ et comme AE = DC on aura 2AE = AE+DC. D'ailleurs AE + EB = AB, en sorte que l'expression précédente deviendra CH × $\left(\frac{AB+DC}{2}\right)$ ce que l'on exprime en disant que l'aire du trapèze est égale à la demi-somme des deux bases multipliée par la hauteur.

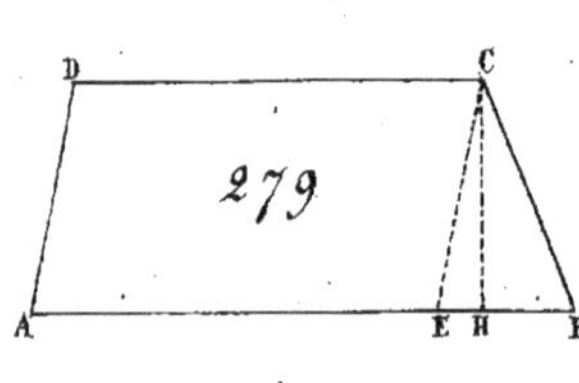

Sachant calculer la surface d'un triangle on pourra calculer celle d'un polygone quelconque puisque on peut toujours le décomposer en triangles. Ainsi pour le polygone ABCDE menant du sommet A les

diagonales AC et AD, abaissant les hauteurs BE, CF et EG, la surface du polygone sera :
$$\tfrac{1}{2}(AC\times BE + AD\times CF + AD\times EG) = \tfrac{1}{2}(AC\times BB + AD\times(CF+EG))$$

281. — On peut éviter de faire tous ces produits et ramener par une construction fort simple le polygone à un triangle. En effet prolongeons un des côtés CD par exemple, puis par le point B menons BM parallèle à AC et joignons AM le triangle AMC sera égal à ABC comme ayant même base AC et même hauteur, puisque leurs sommets sont sur une parallèle à la base, en sorte que le contour ABCD sera remplacé sans changement de surface par le contour AMD qui a un sommet de moins. — Transportant de même le sommet E en N sur le prolongement de MCD, le polygone sera alors remplacé par le triangle unique MAN qui lui est équivalent et dont la mesure n'exigera qu'une seule multiplication. Cette construction est applicable à tous les polygones, quelque soit le nombre de leurs côtés.

282. — Si le Polygone était régulier, tous les côtés AB, BC, CD &c. seraient égaux entr'eux, et toutes les perpendiculaires OM, ON, OP, &c. seraient égales. La surface du polygone sera donc égale à $AB\times\tfrac{1}{2}OM + BC\times\tfrac{1}{2}ON + CD\times\tfrac{1}{2}OP$ &c. c'est à dire $\tfrac{1}{2}OM\times(AB+BC+CD+$&c.$)$ ce que l'on exprime en disant que l'Aire d'un Polygone régulier est égale à son périmètre multiplié par la moitié de l'Apothème.

283. — Le cercle est un Polygone régulier d'une infinité de côtés et dont l'apothème est égale au rayon. Donc l'Aire d'un cercle est égale à sa circonférence multipliée par la moitié du rayon. Et comme nous avons vu que la circonférence était égale à $2\pi r$ (221) (r étant le rayon) la surface du cercle sera $2\pi r\times\tfrac{1}{2}r = \pi r^2$ ou encore $\dfrac{\pi d^2}{4}$ d étant le diamètre. La surface du carré circonscrit au cercle est $2r\times 2r = 4r^2$. Le rapport de la surface du cercle à celle du carré circonscrit est donc $\dfrac{\pi r^2}{4r^2} = \dfrac{\pi}{4} = \dfrac{3,14159}{4} = 0,785$, c'est-à-dire que dans les calculs qui ne demandent pas de précision, on pourrait prendre pour la surface du cercle les 8 dixièmes du carré du diamètre.

284. ______ Si au lieu d'un cercle entier, il s'agissait seulement de ce qu'on appelle un secteur, c'est-à-dire l'espace compris entre l'arc ACB et les rayons OA et OB formant un angle d'un certain nombre de degrés, il est clair que tous les secteurs correspondants à 1° sont $\frac{1}{360}$ de la surface du cercle. Si donc AB est d'un nombre n de degrés, la surface des secteurs sera $\frac{n}{360} \pi r^2$.

285. ______ Si de cette surface on retranche la surface du triangle AOB, il restera celle de la partie ACB comprise entre l'arc et la corde. C'est ce qu'on appelle un segment de cercle.

286. ______ Enfin s'il s'agissait d'une ligne irrégulière AMB, nous supposerons une ligne AB qui lui serve de corde; car il ne peut y avoir d'embarras que pour la surface comprise entre la ligne courbe et la ligne AB. Nous supposerons donc AB partagé en parties égales Am, mn, np, &c. et aux points de division, des perpendiculaires ma, nb, pc, &c. assez rapprochées pour que les portions Aa, ab, bc, &c. de la ligne courbe puissent être considérées comme droites. Alors appelant h les intervalles Am, mn, &c. le triangle Aam aura pour mesure $h \times \frac{am}{2}$ les trapèzes mabn, nbcp, pcdq, auront pour mesure $h \frac{am+bn}{2}$, $h \frac{bn+cp}{2}$, $h \frac{cp+dq}{2}$ ... Enfin les deux derniers auront pour mesure $h \frac{ij+kl}{2}$, $h \frac{kl}{2}$ en faisant la somme et observant que h est facteur commun, il vient pour la mesure de la surface $h \left(\frac{am}{2} + \frac{am}{2} + \frac{bn}{2} + \frac{bn}{2} + \frac{cp}{2} + \frac{cp}{2} ... \frac{kl}{2} + \frac{kl}{2} \right)$ c'est-à-dire $h \left(am + bn + cp + ... + ij + kl \right)$.

287. ______ S'il s'agissait d'une ligne fermée ABCD on mènerait deux parallèles AM, CN qui soient tangentes, puis on leur mènera une perpendiculaire comme MN. Cela posé il est clair que la surface ABCD est égale à la surface MADCN moins la surface MABCN. Imaginons que AC ait été partagée en un nombre suffisamment grand de parties égales et que par les points de division on ait élevé des perpendiculaires ac, df, gi, &c. la surface MADCN sera égale à une série de trapèzes qui auront pour mesure $h \frac{AM+ac}{2}$, $h \frac{ac+fd}{2}$, $h \frac{fd+gi}{2}$ ..... $h \frac{in+pr}{2}$ $h \frac{pr+NC}{2}$. C'est-à-dire qu'elle sera égale à $h \left(\frac{AM}{2} + ac+df+gi .... + lr + pr \frac{NC}{2} \right)$. De même la surface MABCN sera égale $h \left(\frac{AM}{2} + ab+dc+gh .... lm+pq + \frac{NC}{2} \right)$ en prenant la différence il viendra pour la surface cherchée $h \left(ac-ab+df-dc+gi-gh ... ln-lm+pr-pq \right)$ c'est-à-dire que surf. ABCD $= h \left(bc+cf+hi .... + mr+qr \right)$ expression qu'il sera facile de calculer.

Remarquons à ce sujet que cette méthode qui substitue à des arcs de courbes de petites lignes droites donnera généralement une surface un peu différente de la surface véritable; mais elle en différera très peu si les parallèles sont suffisamment rapprochées les unes des autres.

Chapitre XIX.

Comparaisons de Surfaces.

288. _______ Les Parallélogrammes équivalents ou leurs bases réciproquement proportionnelles à leurs hauteurs. En effet si B et H sont la base et la hauteur du premier parallélogramme b et h, celles du second, puisqu'ils sont équivalents on aura $B \times H = b \times h$ ou $B : b :: h : H$ ce qui prouve la proposition énoncée. On en dirait autant de deux triangles puisque l'égalité $\frac{B \times H}{2} = \frac{b \times h}{2}$ revient à la première.

289. _______ Si l'on suppose que le second Parallélogramme soit un carré ; auquel cas on aurait $b = h$, on aura $B \times H = b^2$ c'est-à-dire que le côté du carré équivalent à un parallélogramme est un moyen proportionnel entre la base et la hauteur de ce parallélogramme.

290. _______ Par conséquent, pour trouver le côté du carré équivalent à un parallélogramme, il suffira de chercher une moyenne proportionnelle entre sa base et sa hauteur (228). Si, au lieu d'un parallélogramme il s'agissait d'un triangle, ce serait la même chose ; seulement au lieu de la hauteur du parallélogramme on prendrait la demi-hauteur du triangle ; enfin comme nous avons vu qu'il y avait toujours moyen de ramener un polygone quelconque à un triangle (281) il sera facile de trouver ainsi le côté du carré équivalent à un polygone quelconque.

291. _______ L'opération qui consiste à trouver le côté du carré égal à une figure est ce qu'on appelle la quadrature de cette figure. Parmi les questions de ce genre la quadrature du cercle a longtemps exercé les Géomètres ; depuis les Grecs, jusqu'à nos jours ; sans qu'on ait pu y parvenir. Du reste cette recherche est des plus inutiles ; puisque l'on peut évaluer la surface d'un cercle avec la dernière précision.

292. _______ Il résulte encore de ce qui a été dit plus haut (288), que pour trouver l'une des dimensions, la hauteur H par exemple, d'un parallélogramme dont on connaît la base B, sachant que ce parallélogramme doit être équivalent à un autre dont les dimensions sont $b \times h$, il suffira de chercher une H^{me} proportionnelle aux quantités B, b et h (196). Elle sera la hauteur cherchée.

293. _______ Enfin, pour trouver la hauteur H d'un parallélogramme dont la base B est connue et qui doit être équivalent à un carré donné dont le côté est b, il suffira, (289) de chercher une 3me proportionnelle aux quantités B et b (197).

294. _______ Si au lieu de constructions graphiques on voulait opérer en

nombre d'après ce qui précède, il ne saurait y avoir de difficulté. Soit par exemple, la question suivante : le tracé d'une route a retranché d'une pièce de terre un triangle M de 58m,30 de base, sur 23m,45 de hauteur. On veut l'échanger contre une bande à prendre à droite de la ligne AB qui a 119m,40 de longueur. On demande quelle largeur cette bande doit avoir ?

La surface M a pour mesure $\frac{58,30}{2} \times 23,45$ ou 29,15 × 23,45 laquelle doit être égale à 119,4 x d'où x $\frac{29,15 \times 23,45}{119,4}$ = 5,725. La largeur cherchée est donc 5m,725.

Calcul.

Log. 29,15 = 1,46464
Log. 23,45 = 1,27014
Log. 119,4 = $\overline{3}$,92300
somme ——— 0,75778 = Log. 5,725.

Si, au lieu d'agrandir la pièce de terre N du côté de la ligne AB, il fallait opérer cette augmentation le long de la ligne AC (que nous supposerons pareillement de 119,40, mais laquelle rencontre obliquement la route CD) il est clair qu'en portant les 5,725 de C en G et de A en E, l'augmentation serait trop faible du triangle CFG, et si le côté GF par exemple est de 4m,80 ce qui réduit le côté EF à 119,40 - 4,80 = 114,60, il faudra ajouter une 2me bande pour compenser cette diminution. Sa surface sera $\frac{4,80}{2} \times 5,725$ ou 2,40 × 5,725 et la largeur d'après ce qui précède $\frac{2,40 \times 5,725}{114,60}$ = 0m,12.

Log. 5,725 = 0,75778
Log. 2,40 = 0,38021
Log. 114,60 = $\overline{3}$,94082
somme ——— $\overline{1}$,07881 = Log. 0,12

Il faudra donc reculer la ligne FE de 12 centimètres. Quant à l'erreur commise par l'obliquité de la route sur cette deuxième largeur elle est évidemment négligeable.

295 ——— *Problème.* — Construire un parallélogramme équivalent à un carré donné et dont les côtés fassent ensemble une longueur donnée. Soit AB la longueur donnée pour la somme des deux côtés, sur AB décrivons une demi-circonférence et sur une perpendiculaire à AB portons OM égale au côté du carré donné. Par le point M menons CM parallèle à AB et du point C où elle coupe la circonférence abaisons la perpendiculaire CD sur AB, AD et DB seront les dimensions du parallélogramme cherché. En effet on a (228) AD × DB = $\overline{CD}^2$ = $\overline{DM}^2$.

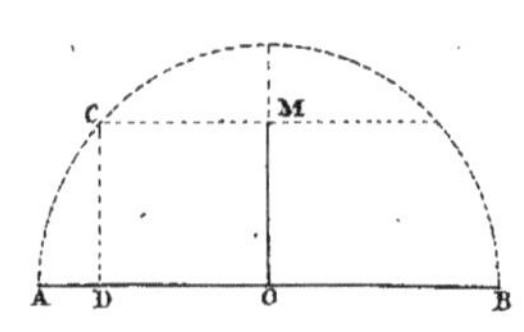

296 ——— Si au lieu de donner la somme des côtés on en donne la différence,

sur AB égale à la différence donnée on décrira un cercle, puis au point B menant BC tangente en B et égale au carré donné; en tirant CO qui coupe en D et en E la circonférence, CD et CE seraient les dimensions du parallélogramme. En effet elles diffèrent entre elles de ED = AB et l'on a (232) $CD \times CE = \overline{BC}^2$.

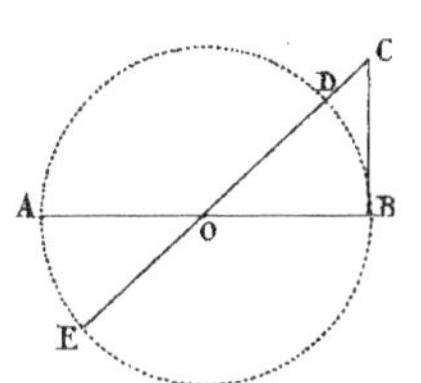

Remarquons que le premier de ces deux problèmes exige que le côté OM du carré donné soit plus petit que le rayon OA, c'est-à-dire que la demi-somme des deux dimensions du parallélogramme; en sorte que la plus grande longueur que puisse avoir OM sans rendre le problème impossible; c'est lorsqu'il est égal à cette demi-somme. Ce qui nous apprend que le plus grand rectangle que l'on puisse faire avec les deux parties d'une longueur donnée, c'est le carré construit sur la moitié. Quant au deuxième problème il est toujours possible. (1)

297. ———— Les surfaces des triangles semblables sont entre elles comme les carrés de leurs côtés homologues. Soit pour le prouver les triangles semblables ABC, abc. Soient les perpendiculaires CD, cd abaissées des sommets sur les bases; les triangles étant supposés semblables nous aurons AB : ab :: AC : ac. Mais les triangles ACD et acd ont les angles en A égaux par supposition, les angles en D et d sont droits, les triangles sont donc semblables.

Nous aurons donc la proportion CD : cd :: AC . ac ou en multipliant ces deux proportions terme à terme $AB \times CD : ab \times cd :: \overline{AC}^2 : \overline{ac}^2$ et en divisant le 1er rapport par 2, $\frac{AB \times CD}{2} . \frac{ab \times cd}{2} : \overline{AC}^2 : \overline{ac}^2$ c'est-à-dire que les surfaces des deux triangles sont entr'elles :: $\overline{AC}^2 : \overline{ac}^2$. Or on aurait pu faire entrer dans la proportion tout autre côté que AC. Donc, &c...

298. ———— Les Polygones semblables peuvent se décomposer en un même nombre de triangles semblables dont tous les côtés comparés avec leurs homologues donneront le même rapport. Or, tous ces triangles sont entr'eux comme les carrés de leurs côtés homologues; ou puisque le rapport des côtés est partout le même, comme les carrés de deux côtés homologues quelconques. Donc (alg. 103) les sommes de ces triangles, c'est-à-dire les surfaces des Polygones seront entr'elles dans le même rapport, c'est-à-dire que les surfaces de deux Polygones semblables sont entr'elles comme les carrés de leurs côtés homologues.

---

(1) La même question traitée algébriquement a donné les mêmes résultats. Alg. (114).

299. _______ Les cercles pouvant être considérés comme des Polygones d'une infinité de côtés, et tous les cercles étant semblables (220), il résulte de ce qui précède que les surfaces des cercles sont entre elles comme les carrés de leurs diamètres — ou de leurs rayons.

300. _______ *Problème.* _______ Construire un carré qui soit à un carré donné comme $m:n$.

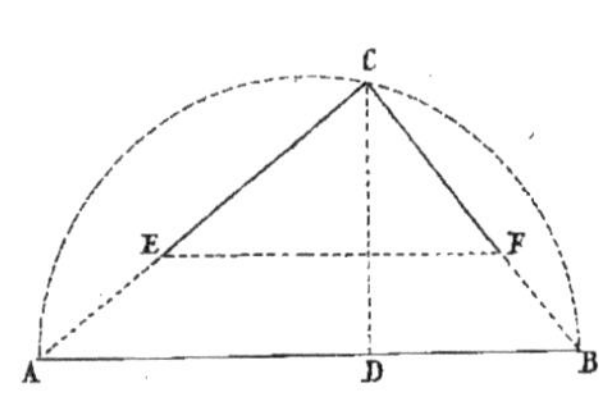

Pour cela prenons AD égal à m et DB égal à n. Sur AB décrivons une demi-circonférence, et au point D élevons la perpendiculaire CD, joignons CA et CB, prenons sur CA prolongée s'il était nécessaire une longueur CE égale au côté du carré donné ; menons EF parallèle à AB, et CF sera le côté du carré cherché. En effet à cause du parallélisme on a $CE:CF::CA:CB$ d'où $\overline{CE}^2:\overline{CF}^2::\overline{CA}^2:\overline{CB}^2$. Mais dans le triangle rectangle ACB chaque côté est moyen proportionnel entre l'hypothénuse et le segment adjacent (214). Donc $\overline{CA}^2=AB\times AD$, $\overline{CB}^2=AB\times BD$, ce qui donne en supprimant le facteur commun $\overline{CA}^2:\overline{CB}^2::AD:BD$, proportion qui, combinée avec la précédente donne $\overline{CE}^2:\overline{CF}^2::AB:BD::m:n$.

301. _______ Les aires des Polygones semblables étant entre elles comme les carrés des côtés homologues, la construction précédente donne le moyen de faire un polygone semblable à un polygone donné et dont l'aire soit à celle du premier $::m:n$. car il est facile de voir que si CE est le côté du premier polygone CF sera le côté homologue sur lequel on construira un polygone semblable au premier.

302. _______ Le carré construit sur l'hypothénuse d'un triangle rectangle est égal à la somme des carrés construits sur les deux côtés de l'angle droit. Soit pour le prouver le triangle ABC, soient construits sur les côtés et l'hypothénuse les carrés $ABFG$, $ACHI$, $BCKL$. Abaissons du sommet A, AD perpendiculaire sur BC et prolongeons la jusqu'en E, le côté BA de l'angle droit étant moyen proportionnel entre l'hypothénuse BC et le segment BD, nous aurons $\overline{AB}^2=BD\times BC$ ou ce qui est la même chose $\overline{AB}^2=BD\times BL$, de même $\overline{AC}^2=CD\times BC=CD\times CK$. Or $BD\times BL$ et $CD\times CK$ sont les mesures des deux rectangles $BDEL$ et $CDEK$. Donc chacun des carrés construits sur AB et AC est égal à la portion du carré de l'hypothénuse correspondant aux segments BD et DC. Donc leur somme est égale à ce carré. Donc, etc...

303. _______ Il suit delà que le carré construit sur un des côtés de l'angle droit est la différence entre le carré de l'hypothénuse et le carré de l'autre côté. Cela fournit immédiatement le moyen de faire un carré égal à la somme ou à la différence de deux autres. Pour cela on tirera deux lignes à angle droit sur lesquelles on portera les côtés AB et AC des carrés donnés; en joignant BC ce sera le côté du carré égal à la somme des deux premiers. Si le carré cherché doit être égal à la différence de deux autres, on prendra AC égale au côté du plus petit des carrés donnés; et du point C comme centre, décrivant un arc avec le côté CB du plus grand, AB sera le côté du carré, égal à la différence. En effet, on a dans les deux cas,

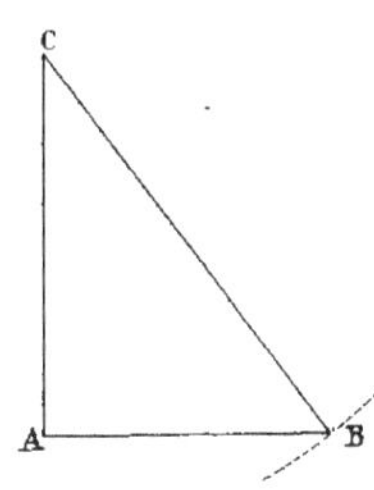

$$\overline{CB}^2 = \overline{AC}^2 \times \overline{AB}^2.$$

304. _______ On pourrait tirer delà un moyen d'élever une perpendiculaire à l'extrémité A d'une ligne que l'on ne peut prolonger. Car si l'on prend AB égale à trois parties d'une échelle quelconque; si, des points A et B avec des rayons égaux respectivement à 4 et 5 parties de cette même échelle on décrit des arcs ils se couperont en A, et l'angle CAB sera droit. Car on aura $\overline{AB}^2 = 9$. $\overline{AC}^2 = 16$. $9 \times 16 = 25 = \overline{BC}^2.$

305. _______ Si le triangle rectangle était isocèle on aurait $AB = AC$ et $\overline{BC}^2 = 2AB^2$. Alors le carré de l'hypothénuse est double du carré de l'un des côtés. Or, dans ce cas particulier AB et AC sont les côtés du carré dont BC est la diagonale. On voit donc que le carré $EFGH$ construit sur la diagonale d'un carré $ABDC$, est double du carré, en sorte que l'on a $AB^2 : BC^2 :: 1 : 2$. Donc en extrayant la racine carrée de chaque terme $AB : BC :: 1 : \sqrt{2}$ et comme 2 n'est pas un carré parfait $\sqrt{2}$ sera un nombre incommensurable (Alg. 70). Ce qui fait voir qu'il n'y a aucune commune mesure possible entre la diagonale et le côté du carré.

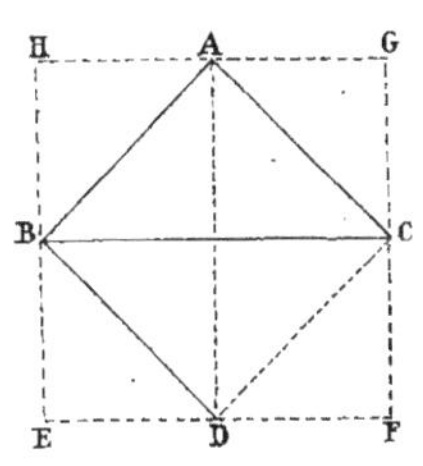

306. _______ Pour terminer, il nous reste à voir comment on a déterminé le rapport π de la circonférence au diamètre. Pour cela on a commencé par résoudre ce problème. Connaissant les aires de deux polygones réguliers d'un même nombre de côtés, l'un inscrit, l'autre circonscrit à un cercle, trouver celles du polygone inscrit et circonscrit au même cercle et d'un nombre de côtés double?

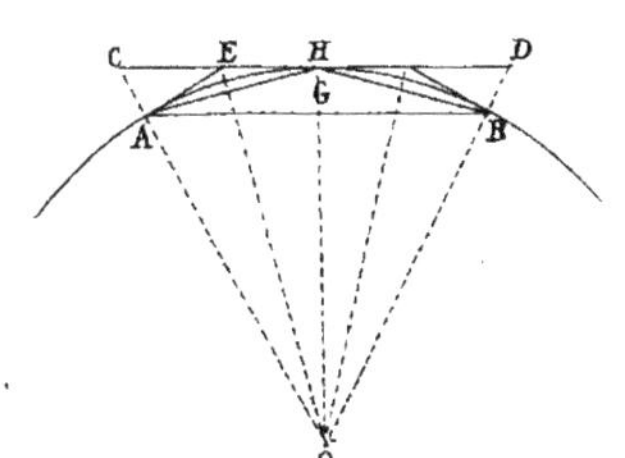

Pour cela soient AB et CD les côtés des polygones inscrit et circonscrit primitifs, A et B leurs surfaces,

A H sur le côté du polygone inscrit d'un nombre de côtés double, et le contour A E H formé par les tangentes en A et en H sera une partie du Polygone circonscrit aussi d'un nombre de côtés double. Or, il est facile de voir que la figure entière se composerait d'un certain nombre d'angles où tout serait disposé comme dans l'angle A O H. Si donc X et Y sont les surfaces des polygones inscrit et circonscrit d'un nombre de côtés double, les surfaces A, B, X, Y, seront proportionnelles aux surfaces OAG, OCH, OAH et OAEH, c'est-à-dire qu'un même nombre de ces figures formeraient les polygones dont les aires sont A, B, X, Y. Cela posé les triangles OAH, et OAG qui représentent X et A ayant même hauteur sont entr' eux comme OG et OH. C'est-à-dire que l'on a $A : X :: OAG : OAH :: OG : OH$. De même les triangles OAH et OHC qui représentent X et B sont entr' eux comme AO et OC, c'est-à-dire que l'on a $X : B :: OA : OC$. Mais d'ailleurs à cause de AG parallèle à CH on a $OG : OH :: OA : OC$. Donc $A : X :: X : B$, d'où $X = \sqrt{A \times B}$.

Maintenant, les triangles HOE et COE sont entr' eux comme HE : CE. Or, puisque OE partage en deux parties égales l'angle HOA, on a (193) $HE : CE :: HO : CO$ ou encore $:: GO : AO :: GO : OH$ puisque $AO = OH$, or $OG : OH :: A : X$. Donc $HE : CE :: A : X$ et par suite $OEH : COE :: A : X$, d'où l'on tire $OEH : OEH + COE :: A : A + X$, ou en doublant le premier terme de chaque rapport et remarquant que $OEH + COE = HOC$ il vient $2 \times OEH : HOC :: 2A : A + X$. Or, $2 \times OEH$ ou OAEH et HOC sont entr' eux $:: Y : B$, donc on a $Y : B :: 2A : A + X$, d'où $Y = \dfrac{2 A \times B}{A + X}$.

Pour faire usage de ces formules on remarquera d'abord que R étant le rayon, la surface du carré circonscrit sera $4 R^2$, et celle du carré inscrit $2 R^2$ (301). On aura donc $A = 2 R^2$ et $B = 4 R^2$, d'où on conclura X et Y, c'est-à-dire les aires des polygones inscrit et circonscrit de 8 côtés. Au moyen de ces dernières on calculera celles des polygones inscrit et circonscrit de 16 côtés, puis de 32, &c. jusqu'à ce que ces surfaces qui se rapprochent de plus en plus l'une de l'autre diffèrent si peu que l'on voudra. En poussant ces calculs jusqu'aux polygones de 32768 côtés, les valeurs de ces aires commencent toutes deux ainsi $3, 1415926\ldots \times R^2$. Elles ne commencent à différer qu'à la huitième décimale. Par conséquent la surface du cercle qui est comprise entre les deux commencera de la même manière $3, 1415926\ldots R^2$ et comme elle est représentée en général par πR^2, le rapport π sera égal à $3, 1415926$. On a eu la patience de pousser ces calculs jusqu'à la 140e décimale.

Chapitre XX.

Des Plans.

307. _______ On appelle plan une surface sur laquelle une ligne droite s'applique exactement dans toutes les directions.

308. _______ D'après cela une droite ne peut être en partie dans un plan et en partie en dehors, puisque dès qu'elle a deux points dans ce plan, elle se confond toute entière avec lui.

309. _______ De même deux plans ne peuvent se confondre en partie sans se confondre dans toute leur étendue, puisque toute droite qui aurait deux points dans leur partie supposée commune doit se confondre avec chacun d'eux dans toute son étendue.

310. _______ Deux droites qui se coupent sont toujours dans un même plan, soient les droites AB et CD qui se coupent en un point O. Si l'on imagine un plan passant par les points A et B, il contiendra la droite AB. Si l'on fait tourner ce plan autour de cette droite jusqu'à ce qu'il rencontre le point D, il contiendra la droite OD ou CD toute entière.

311. _______ Si l'on suppose une droite MN qui se déplace d'une manière continue, mais en conservant toujours un point N, N', N''... sur la droite AB et un autre point M, M', M''... sur la droite CD. Cette droite ne sortira pas du plan de ces deux lignes et dans son mouvement elle le décrira. Donc on peut considérer un plan comme engendré par une droite glissant sur deux autres droites qui se coupent.

Il suit de là que deux droites qui se coupent déterminent un plan.

312. _______ La droite qui se meut s'appelle génératrice, celles sur lesquelles elle s'appuie se nomment Directrices.

313. _______ On peut considérer un plan comme engendré par une droite qui passe toujours par un point donné en glissant sur une droite donnée. En effet, puisque la génératrice MN peut se mouvoir

sur les directrices AB et CD d'une manière quelconque ou pour supposer que dans son mouvement elle passe toujours par un même point E de l'une de ces droites, et dans ce mouvement elle n'engendrera pas moins le plan des droites AB et CD. Or dans ce mouvement on peut supprimer la génératrice CD et ne conserver que le point E, sans qu'il y ait rien de changé dans le plan qui est produit. Donc, &ᶜ.

Il suit de là que trois points suffisent pour déterminer un plan, car deux points déterminent la directrice et le troisième sera celui où se couperont toutes les génératrices.

314. _______ C'est par ce moyen que l'on parvient dans la pratique à couper suivant un plan, des corps de forme irrégulière. Supposons, par exemple, que l'on ait une pièce de bois en grume, c'est-à-dire telle quel l'arbre qui vient d'être abattu, et qu'il s'agisse de la couper en deux parties par un plan. _______

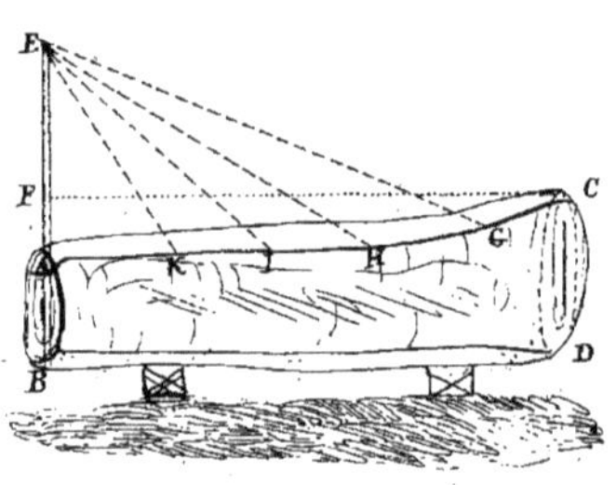

Supposons cet arbre placé de telle manière, que les lignes AB et CD suivant lesquelles le plan coupe la face extrême soient verticales. Toute la question se réduira à déterminer sur la surface irrégulière de la pièce les lignes suivant lesquelles ce plan la coupe, après quoi on enlèvera le bois excédant. Pour cela l'ouvrier, au moyen d'une règle, prolonge en B la ligne AB. Puis tendant un cordeau du point C à un point F de cette ligne, CF sera dans le plan; plaçant ensuite l'œil en E et voyant à quels points de la surface correspondent les rayons visuels dirigés du point E suivant la ligne CF, toutes les lignes EG, EH, EI, &ᶜ seront dans le plan et par suite les points G, H, I, K appartiendront à la ligne cherchée. Les réunissant par un trait continu, retournant la pièce et traçant de même une ligne de B en D, le problème sera résolu.

315. _______ Nous avons supposé, dans le problème précédent que la pièce de bois avait deux faces planes que l'on pouvait rendre verticales et sur lesquelles on pouvait par suite tracer des verticales. Prenons maintenant la question en général en supposant un bloc irrégulier M qu'il s'agit de couper par un plan. Comme il faut trois points pour déterminer ce plan, supposons que les trois points donnés

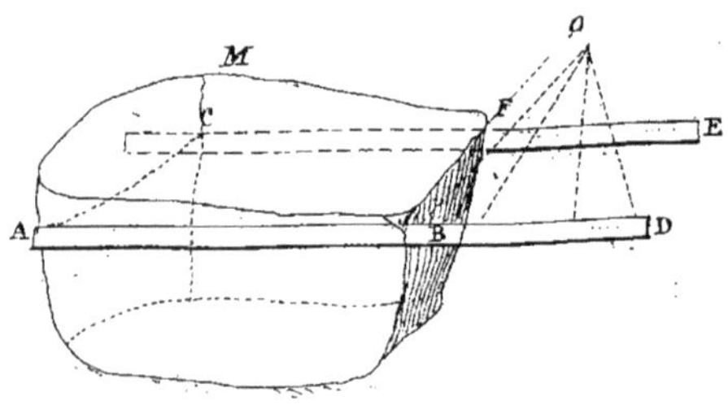

soient AB et C. Par les points A et B appliquons une règle qui se prolonge en B, puis par le point C faisons passer une autre règle CE, baissant ou levant le point E, de telle sorte qu'en plaçant l'œil en O on voie les bords des deux règles se confondre dans toute leur étendue. Dès lors ces deux règles seront dans un même plan qui passera par les trois points donnés; traçans donc sur les faces les lignes AB et CF, puis traçant de même soit avec une règle, soit au moyen du procédé indiqué (314) les lignes AC et BF, le problème sera résolu.

316. __________ Une droite glissant sur deux droites parallèles entr'elles engendre un plan, soient en effet les deux directrices AB et CD qui se coupent en O et MN une position quelconque de la génératrice, menons C'D' qui coupe AB en O'.

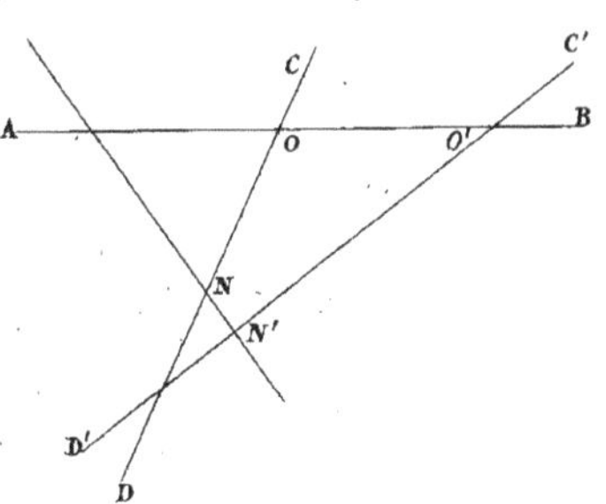

Cette ligne sera dans le plan des directrices AB et CD et coupera la génératrice MN en un point N', le même plan sera donc toujours engendré soit que MN glisse sur AB et CD ou sur AB et C'D'. On peut donc à la directrice CD qui coupe AB en O substituer C'D' qui coupe AB en O', et comme cette substitution n'a rien qui soit particulier à la position du point O elle sera vraie quelque soit la position de ce point; elle sera donc encore vraie quand il s'éloignera à l'infini, mais alors C'D' devient parallèle à AB. Donc, &c.

317. __________ C'est ainsi que dans les arts certains ouvriers exécutent une surface plane : ils posent deux règles AB et CD bien parallèles, toutes deux verticales; par exemple si la surface doit être verticale, puis prenant une règle EF en travers d'une manière quelconque sur les deux précédentes ils enlèvent toute la matière que cette règle rencontre dans son mouvement, et forment ainsi un plan par un mouvement de génération.

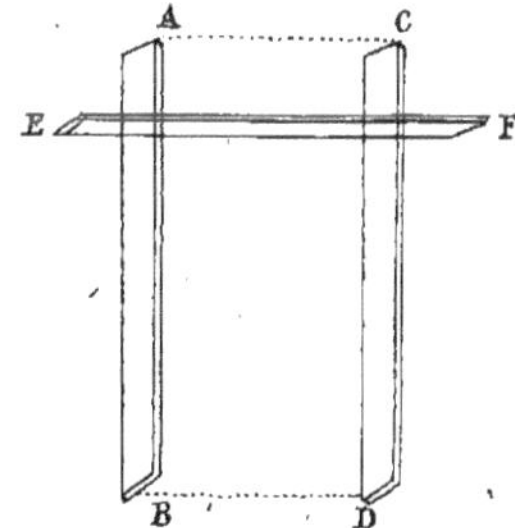

318. __________ Toute courbe susceptible d'être appliquée sur un plan s'appelle courbe plane; si elle ne peut y être appliquée, comme une maille de chaîne torse c'est une courbe à double courbure. Lorsqu'une courbe est plane, comme deux points suffisent pour déterminer une ligne, on peut en reproduire le plan en faisant glisser une règle CD qui passe toujours par deux points A et B de la courbe. C'est ainsi que dans les

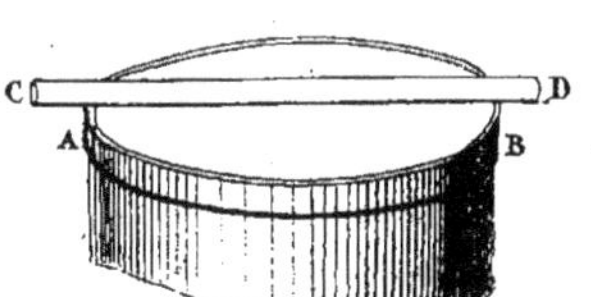

marchés de grains on termine par un plan la partie supérieure d'un hectolitre en promenant un rouleau sur les bords.

Il en serait de même si on promenait une règle sur deux autres non parallèles, pourvu que l'on fut assuré d'avance qu'elles sont dans un même plan.

319. _________ Rendre une surface bien plane ou examiner si elle l'est, c'est ce qu'on appelle en terme d'art dégauchir cette surface, il faut pour cela que la règle s'y applique dans tous les sens, car elle pourrait s'y appliquer seulement dans un

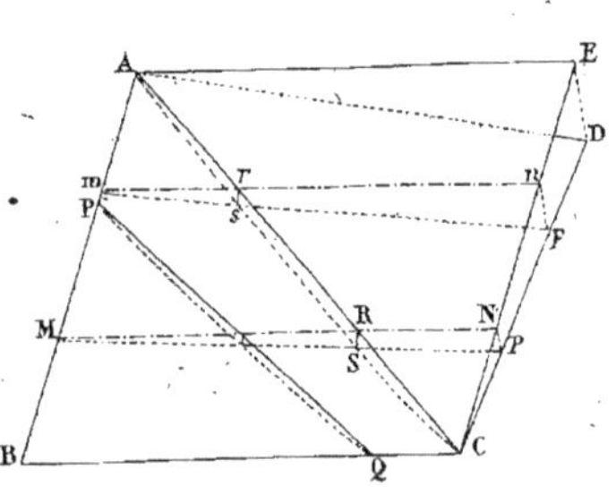

ou deux sens quoique la surface ne fut pas un plan. On dit alors qu'elle est gauche, c'est ce qui arrive en général lorsque les directrices ne sont pas parallèles. En effet, soient deux droites AB et CE parallèles. Imaginons une droite CD faisant un certain angle au dessous de CE en tirant AD. Imaginons que la ligne MN marche parallèlement à elle-même, en s'appuyant sur les lignes AB et CE, elle décrira le plan ABCE. Supposons une deuxième génératrice qui, en même temps qu'elle avancerait parallèlement de BC en MN, tournerait sur elle-même pour occuper la position MP, de manière à s'appuyer toujours sur AB et sur CD, cette ligne décrira la surface ABCD sur laquelle une ligne droite pourra s'appliquer dans les directions AB et BC, mais non dans les autres. Prenons pour exemple la diagonale AC qui coupe en R et en r les génératrices MN et mn, les points A, r, R et C seront en ligne droite; mais dans le mouvement de la génératrice de la seconde surface, le point R est descendu en S et le point r en s, tandis que les points A et C sont restés les mêmes.

Les points A, s, S et C ne sont donc pas en ligne droite. On en dirait autant de toute droite qui comme PQ s'appuyerait à la fois sur les deux lignes AB et BC.

Il n'y a d'exception que pour le cas où les deux génératrices sans être parallèles seraient dans un même plan; mais alors étant prolongées, elles se rencontreraient. Par conséquent deux lignes qui ne se coupent pas et qui ne sont pas parallèles ne peuvent pas être dans un même plan, puisque la surface engendrée par une ligne qui se meut sur deux droites ainsi disposées ne peut pas recevoir une ligne droite dans toutes les directions.

320. _________ Si AB et CD étant les directrices et MN la génératrice qui en glissant occupe successivement les positions MN, MN', MN'' le plan engendré ne changera pas quelque soit la position du point

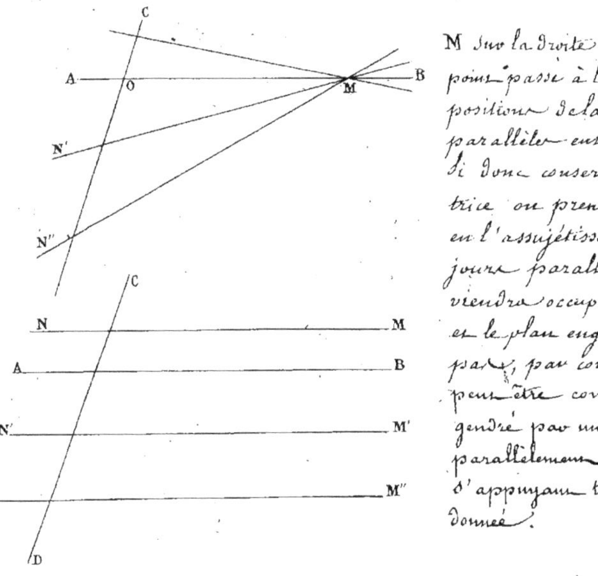

M sur la droite A B. — Or quand ce point passe à l'infini toutes les positions de la génératrice deviennent parallèles entre elles et à A B. — Si donc conservant C D pour directrice on prend A B pour génératrice en l'assujétissant à demeurer toujours parallèle à elle-même, elle viendra occuper toutes les positions et le plan engendré ne changera pas; par conséquent un plan peut être considéré comme engendré par une droite qui marcherait parallèlement à elle-même en s'appuyant toujours sur une droite donnée.

Chapitre XXI.

Des Plans perpendiculaires et obliques.

321. — Une droite est dite perpendiculaire ou normale à un plan quand elle l'est à toutes les droites qui passent par son pied dans ce plan.

322. — Une droite est perpendiculaire à un plan quand elle l'est à deux droites qui se coupent par son pied dans ce plan, c'est-à-dire que si A O est perpendiculaire sur les droites B C et D E qui passent par le point O dans le plan R S, elle le sera aussi sur une droite quelconque M N, passant par son pied dans le plan. En effet supposons les points B, C, D, E, tous à égale distance du point O. — joignons ces points avec le point A pris sur la perpendiculaire; les triangles rectangles A O B, A O C, A O D, A O E, seront tous égaux puisque les deux

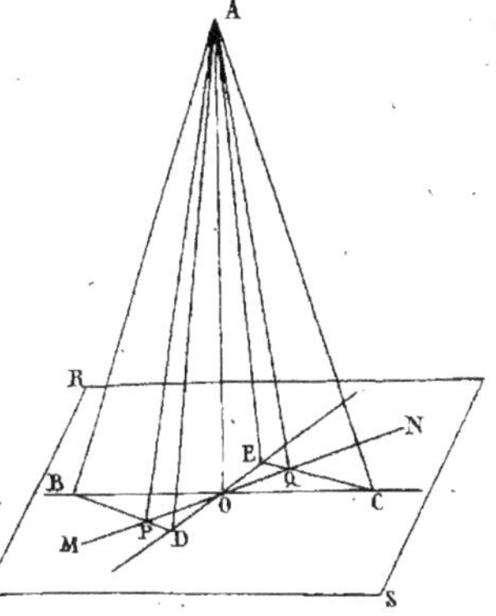

côtés de l'angle droit le sont, les hypothénuses sont donc égales. Joignons BD et EC, les triangles BOD et COE ayant l'angle au sommet égal et compris entre côtés égaux seront égaux. Donc BD = CE. Enfin les triangles ABD et ACE seront égaux comme ayant leurs trois côtés égaux.

Soient P et Q les points où MN coupe BD et CE, joignons AP et AQ, les triangles OCQ et OBP seront égaux comme ayant un côté égal OB et OC compris entre les angles égaux. Donc BP = CQ. et OP = OC. Si donc on applique le triangle ACE sur son égal ABD, le point P se confondra avec le point Q. Donc les lignes AP et AQ sont égales. Or ces deux lignes partent d'un même point de AO et s'écartent également de son pied. Donc AO est perpendiculaire sur PQ ou MN, ce qu'il fallait démontrer.

323. ——————— Il suit de là qu'une droite qui tourne autour d'une autre droite en la coupant toujours au même point et lui demeurant toujours perpendiculaire engendre un plan. En effet si BC tourne autour de AO en lui demeurant toujours perpendiculaire elle se confondra successivement avec toutes les droites qui se coupent par le point O dans le plan BCDE, elle engendrera donc ce plan.

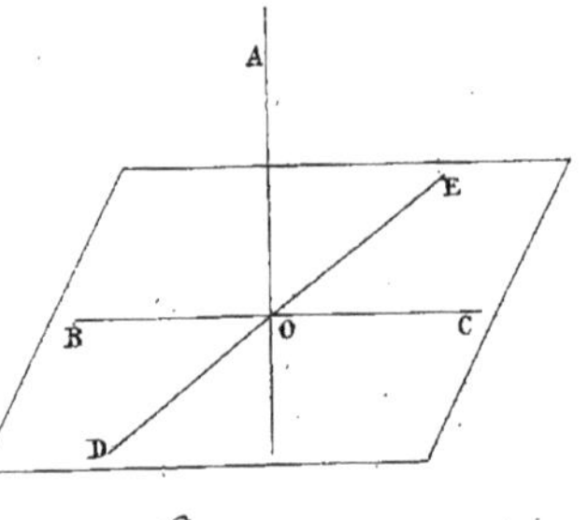

324. ——————— Par un point pris dans un plan, on ne peut élever qu'une seule perpendiculaire à ce plan. En effet supposons qu'on puisse en élever deux CA et CE, choisissons la position de la génératrice CD qui se trouve dans le plan des droites AC et CE, ces deux lignes seraient à la fois perpendiculaires sur CD, ce qui est impossible. Donc &c.

Il en serait de même si le point était pris hors du plan en F par exemple, car si EF et EC étaient à la fois perpendiculaires sur MN menant CD, CE et FE seraient toutes deux perpendiculaires sur cette droite, ce qui est impossible. Donc, &c.

325. ——————— AC perpendiculaire au plan MN, étant perpendiculaire sur toutes les lignes menées par son pied dans ce plan, est la plus courte droite que l'on puisse mener sur ces lignes, et comme CD dans son mouvement rencontre tous les points du plan, AC sera la plus courte droite que l'on puisse mener au plan, c'est-à-dire que la plus courte distance d'un point donné à un plan donné est la perpendiculaire abaissée de ce point sur ce plan.

326. _______ Si dans le mouvement de la droite CD nous supposons que la distance CD ne change pas, le triangle ACD sera toujours le même puisque l'angle ACD sera toujours droit et que les côtés qui le comprennent AC et CD ne changeront pas de longueur; les obliques AD, AE, AF seront donc partout égales et le point D décrira un cercle dont tous les points seront également distants du point A.

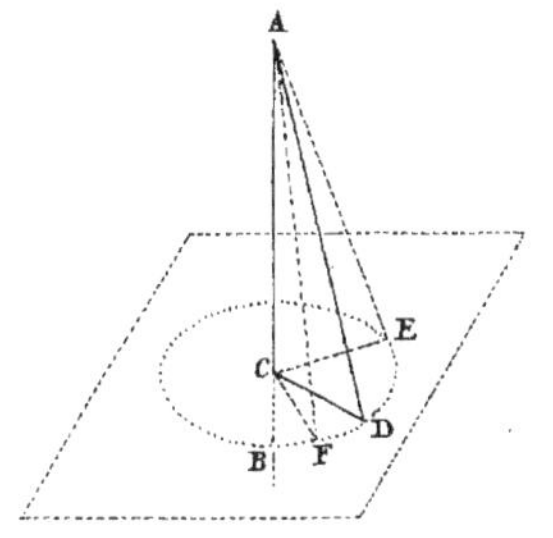

Il suit de là que si l'on suppose une perpendiculaire à un plan; 1°. les obliques partant d'un même point de la perpendiculaire et s'écartant également de son pied sont égales et réciproquement; 2°. Les obliques s'écartant le plus du pied seront les plus longues et réciproquement.

327. _______ On voit que pour trouver le pied de la perpendiculaire abaissée d'un point A sur un plan, il suffira de marquer sur ce plan avec une longueur plus grande que la perpendiculaire trois points D, E, F, également distants du point A, et le centre du cercle qui passera par ces trois points (111) sera le pied de la perpendiculaire.

Il suit de là que d'un point pris hors d'un plan on ne peut abaisser qu'une seule perpendiculaire à ce plan; car il n'y a qu'un seul point qui soit à égale distance des points E, D et F.

328. _______ On appelle Angle Dièdre (c'est-à-dire angle de deux faces) la quantité dont le plan ABEF a tourné en partant de la position ABCD pour occuper sa position actuelle. La ligne AB suivant laquelle les plans se coupent, est ce qu'on appelle l'intersection commune des deux plans.

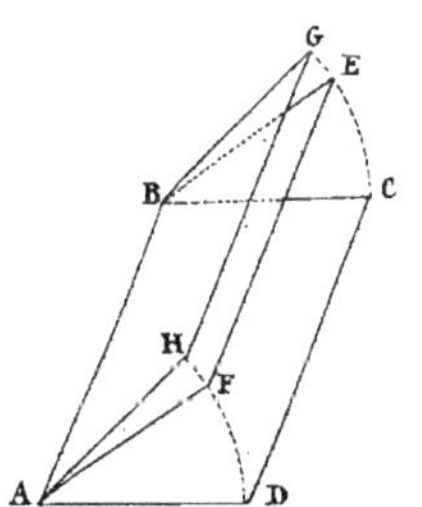

329. _______ L'Intersection de deux plans est toujours une ligne droite. Car si cette intersection renfermait seulement trois points qui ne fussent pas en ligne droite, comme trois points suffisent pour déterminer un plan (313), les deux plans passant par ces trois points se confondraient dans toute leur étendue et n'en formeraient qu'un seul, ce qui est contre la supposition. Deux plans se coupent donc toujours suivant une ligne droite.

330. _______ Il suit de là que dans toutes les positions ABEF, ABGH du plan ABCD, tournant

autour des points A et B, ces plans auront tous pour intersection commune la droite AB. On peut donc par une même droite faire passer autant de plans qu'on voudra.

331. ———————— Dans le mouvement du plan BAC autour de AB comme charnière, considérons la droite AC que nous supposons être perpendiculaire à AB. Dans toutes ses positions AD, AE, AF, &c... Cette droite ne cesse pas d'être perpendiculaire à AB, elle décrit donc un plan perpendiculaire à AB (324).

Remarquons de plus que si l'angle des lignes AC et AD est égal à celui des lignes AD et AE, l'angle des plans BAC et BAD sera égal à celui des plans BAD et BAE.

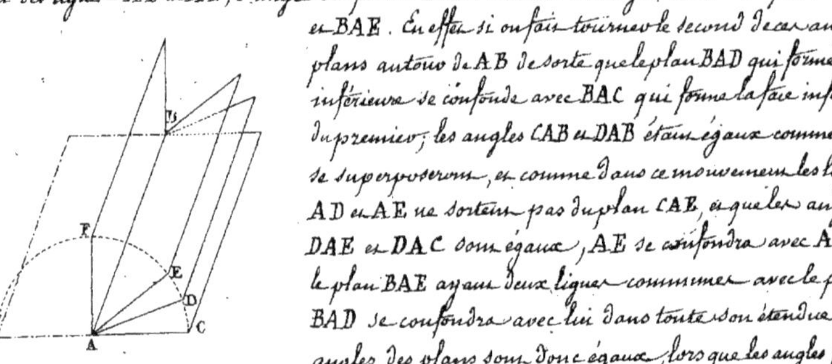

En effet si on fait tourner le second de ces angles plans autour de AB de sorte que le plan BAD qui forme sa face inférieure se confonde avec BAC qui forme la face inférieure du premier; les angles CAB et DAB étant égaux comme droits se superposeront, et comme dans ce mouvement les lignes AD et AE ne sortent pas du plan CAE, et que les angles DAE et DAC sont égaux, AE se confondra avec AD et le plan BAE ayant deux lignes communes avec le plan BAD se confondra avec lui dans toute son étendue. Les angles des plans sont donc égaux, lorsque les angles formés par les perpendiculaires menées dans ces plans à l'intersection commune le sont eux-mêmes.

Si donc nous supposons que la ligne AE vienne dans la position AF perpendiculaire à AC, les angles des plans FAC et FAG seront égaux puisque FA fait avec GC deux angles droits, et le plan BAF partagera en deux parties égales l'espace angulaire que décrirait le plan BAC jusqu'à ce qu'il fût venu se confondre avec son prolongement. L'égalité aurait encore lieu si on partageait l'angle FAC en 90 parties égales, ou en tout autre nombre de parties égales. On voit donc que la grandeur de l'angle de deux plans est exactement mesurée par l'angle formé par les perpendiculaires menées dans chacun d'eux, en un même point de leur commune intersection.

332. ———————— Remarquons que l'angle formé par les perpendiculaires AC et AD à l'intersection commune AB est le seul qui puisse servir à mesurer l'angle des plans, à l'exclusion de toute autre angle formé par deux obliques

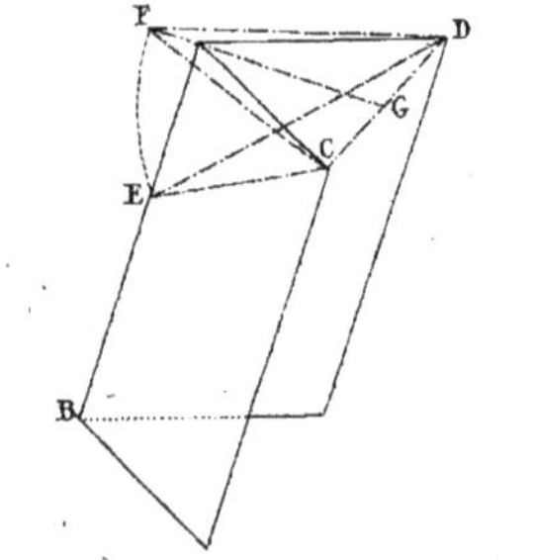

comme CE et DE. En effet joignons CD et remarquons que dans le mouvement du plan BAC autour de AB comme charnière, AC et CE n'ont pas cessé d'être égales respectivement à AD et à DE. Le triangle DEC est donc isocèle ainsi que DAC, et si nous faisons tourner CED autour du côté CD jusqu'à ce qu'il arrive dans le plan CAD, les points E et A seront sur la perpendiculaire GF élevée sur le milieu de CD et FG sera nécessairement plus grand que AG puisque CF ou CE est plus grand que CA. D'après cela l'angle DAC sera plus grand que DFC. En effet, si nous comparons leurs moitiés DAG et DFG, DAG comme extérieur au triangle DAF sera égal à la somme des deux angles intérieurs DFA et ADF. Il sera donc plus grand que chacun d'eux.

L'angle des obliques sera donc toujours plus petit que celui des perpendiculaires. Il ne sera donc pas droit, lorsque les plans seront à angle droit, il n'offre donc pas une mesure directe de l'angle des plans, et il faut par conséquent s'en tenir à l'angle des perpendiculaires.

333. ——————— Dans ce qui précède on suppose tacitement que l'angle de deux plans aura la même mesure en quelque point de l'intersection que l'on mène les perpendiculaires, ou en d'autres termes que dans le mouvement du plan ABEE, autour de AB comme charnière, les lignes AE et BF perpendiculaires à AB auront tourné toutes deux d'une même quantité FBD = EAC. En effet, s'il en était autrement, si BF par exemple formait avec BD des angles moindres que ceux de AE avec AC lorsque AE serait arrivé en AG sur le prolongement de AC, BD au lieu de se confondre avec BH serait encore en BI par exemple; alors comme AC et BH

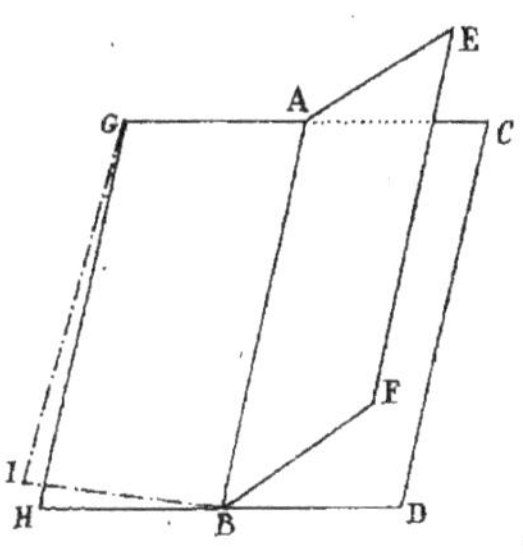

sont dans le même plan que les lignes AC et BD, le quadrilatère ABIG ayant deux côtés AB et GA communs avec ce plan et en différant par les deux autres côtés, BF et GI serait une surface gauche, ce qui est contre la supposition. Il est donc de la nature de l'angle formé par deux plans que sa mesure soit la même en quelque point de l'intersection que l'on mène les perpendiculaires.

334. ——————— L'Angle de deux plans peut être mesuré par celui des perpendiculaires élevées sur ces plans en un même point de l'intersection commune.

Pour le prouver soient les deux plans BAC et BAD dont l'angle est mesuré par celui des droites AD et AC, menées dans ces plans perpendiculairement à l'intersection commune AB. Je dis que l'angle de ces plans est aussi mesuré par l'angle des droites AE et AF menées au même point A perpendiculairement à chacun d'eux. En effet la droite AE étant perpendiculaire au plan BAC, le sera à la droite AB, et il en sera de même de AF. Ces deux droites seront donc dans le plan des droites AC et AD. — De plus étant respectivement perpendiculaires à AC et à AD, l'angle EAF sera égal à CAD; or, CAD mesurant l'angle des deux plans, il en sera de même de EAF. Donc, &c. . . . .

335. — Un plan est perpendiculaire à un autre lorsqu'il fait avec cet autre deux angles dièdres égaux. Or l'angle de deux plans ABC et ABD étant mesuré par celui des perpendiculaires BC et BD à l'intersection commune AB, comme il n'y a pour la droite BD qu'une position où elle soit perpendiculaire à BC, on peut en conclure que par une droite prise dans un plan, on ne peut mener qu'un seul plan perpendiculaire au premier.

336. — Tout plan passant par une droite perpendiculaire à un autre plan, est lui-même perpendiculaire à ce plan.

C'est-à-dire que si le plan BAD passe par la droite MN perpendiculaire au plan BAC, il sera lui-même perpendiculaire sur BAC. En effet par le pied N de la perpendiculaire (qui est nécessairement un des points de l'intersection AB) menons NP dans le plan BAC, perpendiculairement à AB, MN étant perpendiculaire au plan BAC, le sera sur NP et l'angle MNP sera droit. Or cet angle mesure l'inclinaison des deux plans. Donc &c...

On voit que quelque soit le nombre des plans menés suivant MN ils seront tous perpendiculaires à BAC.

337. — Il résulte de là cette proposition que si dans un plan perpendiculaire à un autre, on mène une perpendiculaire à l'intersection commune, elle sera perpendiculaire au second plan; En effet, soit MN perpendiculaire à AB dans le plan BAD perpendiculaire à BAC, menant comme précédemment NP perpendiculaire à AB, l'angle MNP sera droit puisque les deux plans sont rectangulaires et MN étant perpendiculaire à la fois sur les deux droites AB et NP sera perpendiculaire au plan BAC.

338. — Tout plan perpendiculaire à un autre contient les droites menées en un point de l'intersection commune perpendiculairement à cet autre. C'est-à-dire que si le plan BAD est perpendiculaire au plan BAC, toute droite MN menée par un point de l'intersection AB perpendiculairement à BAC sera dans le plan BAD. En effet, menant NP comme précédemment et imaginant dans le plan BAD une droite perpendiculaire à AB, elle sera perpendiculaire à NP puisque les plans sont à angle droit, elle sera donc perpendiculaire au plan BAC, mais MN l'est déjà par supposition; les deux droites devront donc se confondre. (324)

339. — Il suit de là que tous les plans perpendiculaires à BAC et passant par le point N devront tous contenir la perpendiculaire MN. Ils se couperont donc tous, suivant cette perpendiculaire. Ensorte que l'on peut dire en général que

si deux plans sont perpendiculaires à un troisième, leur intersection sera aussi perpendiculaire à ce plan.

340 _____ Si une droite AB est perpendiculaire au plan MN, et si d'un point C pris dans ce plan je mène CB (qui sera perpendiculaire sur AB et l'oblique CA, la ligne DE menée dans le plan MN perpendiculaire sur BC le sera aussi sur AC.

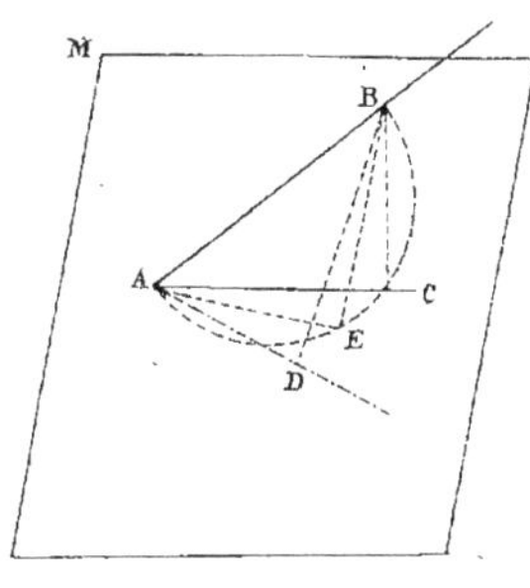

Pour le prouver par AB et BC menons un plan, il sera perpendiculaire au plan MN, la ligne DE étant dans le plan MN perpendiculaire au plan ABC et de plus cette droite étant perpendiculaire à l'intersection commune BC, le sera au plan ABC, et par suite à la droite AC qui passe par son pied dans le plan. Donc, &c.

341 _____ Si l'on considère AB comme une oblique à l'égard du plan MN, et si par cette oblique on fait passer un plan perpendiculaire à MN et qui le coupe suivant AC, l'angle BAC est ce que l'on prend pour la mesure de l'obliquité de la droite à l'égard du plan. C'est-à-dire que l'angle d'une droite avec un plan est l'angle compris entre cette droite et l'intersection du plan donné avec un plan perpendiculaire passant par la droite donnée.

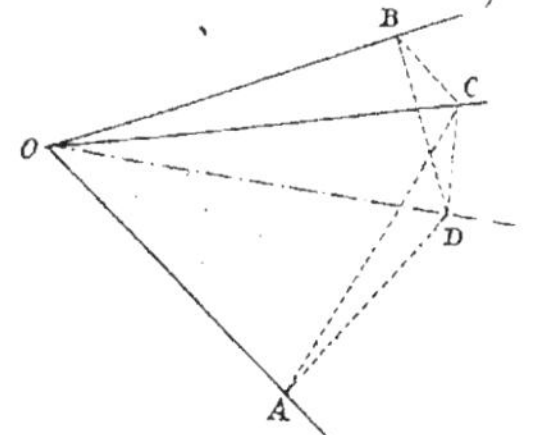

Il est facile de voir que cet angle est plus petit que celui qui serait mesuré dans tout autre plan qui ne serait pas perpendiculaire au plan donné. En effet, menons par AB un plan quelconque qui coupe MN suivant AD, abaissons BC perpendiculaire sur MN et BD perpendiculaire sur AD si nous faisons tourner le triangle ABD autour de AB comme charnière, de telle sorte qu'il s'applique sur le plan ABC, les angles en B et en C étant droits, seront tous deux après le rabattement en C et en E, sur la demi circonférence décrite sur AB comme diamètre (134) et comme l'oblique BD est plus grande que BC, l'arc sous-tendu par cette corde sera aussi le plus grand. Or, les angles BAC et BAD ont chacun pour mesure la moitié de ces arcs; BAD sera donc plus grand. Ce qu'il fallait démontrer.

342 _____ Il suit de là que lorsque trois plans se coupent en passant par un même point, l'un quelconque des trois angles plans, formé par leur intersection est plus petit que la somme des deux autres. En effet, soient les trois plans AOB, AOC et COB, suivant AOB le plus grand des angles; menons un plan perpendiculaire passant par OC et qui coupe le plan du grand angle suivant OD, l'angle AOD mesurera l'inclinaison de la droite OA sur le plan

COD, et d'après la proposition précédente cet angle sera plus petit que
AOC; de même BOD sera plus petit que BOC, Donc AOD + BOD ou AOB sera
plus petit que AOC + BOC.

343. —————— Dans le levez des plans (246), il a été recommandé de mesurer les lignes
horizontalement; on voit que la même observation s'applique aux angles et que
pour relever soit avec le graphomètre, soit avec la planchette les angles des objets
B, C et A vus du point O il faut tenir l'instrument dans une position horizontale
sans quoi la somme des angles BOC et AOC donnerait plus que la mesure
directe de l'angle AOB, et si on faisait de la même manière le tour entier de
l'horizon on trouverait plus de 4 angles droits; c'est pourquoi ces instruments
sont ordinairement accompagnés d'un niveau à bulle d'air pour les tenir dans
la position horizontale; et pour que l'observateur puisse voir les objets au-dessus
et au-dessous du plan de l'instrument, les pinnules ont des fentes allongées
et la lunette est mobile dans le sens vertical de manière que pendant que
l'observateur dirige l'alidade vers les objets A et C, C et B, l'instrument mesure
directement les angles AOD et DOB et ainsi des autres.

344. —————— Si deux droites sont parallèles et que la première soit perpendiculaire
à un plan, la deuxième lui sera aussi perpendiculaire.

Soient pour le prouver AB perpendiculaire
au plan MN, et CD parallèle à AB; par ces droites
imaginons un plan, il sera perpendiculaire au
plan donné; le coupera suivant une droite
BD et AB sera perpendiculaire à BD, il en sera
de même de CD sa parallèle et cette dernière
droite étant tout à la fois, dans un plan perpendiculaire à MN et perpendiculaire à l'intersection
commune, sera elle-même perpendiculaire au
plan MN. Donc, &c.

345. —————— Réciproquement: Deux droites perpendiculaires à un même
plan sont parallèles. En effet soient AB et DC perpendiculaires à MN,
joignons BD, puis par AB et BD menons un plan; il sera perpendiculaire
à MN (336). Il contiendra donc CD (338). D'ailleurs AB et CD étant
toutes deux perpendiculaires à MN le seront à BD, elles seront donc parallèles.

346. —————— Deux droites parallèles à une troisième sont parallèles entre elles.
Soient pour le prouver les droites CD et EF
parallèles à AB, menons le plan MN perpendiculaire à AB, il le sera aussi à chacune
des deux autres (344) et ces deux dernières étant
toutes deux perpendiculaires à un même plan
seront parallèles entre elles.

_______ *Exercices*: — Comme il est difficile aux commençants de se faire une juste idée des constructions des figures à trois dimensions il leur serait très-utile, comme exercice, de les reproduire en employant des feuilles de carton pour représenter des plans et des fils pour représenter des lignes.

Chapitre XXII.

Des Plans parallèles.

347. _______ On appelle Plans parallèles ceux qui ne peuvent se rencontrer à quelque distance qu'on les suppose prolongés. La même définition s'applique à une droite parallèle à un plan ou à un plan parallèle à une droite.

348. _______ Une droite est parallèle à un plan lorsqu'elle est perpendiculaire à une normale à ce plan. Pour le prouver, soit AB normale au plan MN, et AC perpendiculaire à AB; je dis qu'elle sera parallèle à MN, pour le prouver, par AB et AC je fais passer un plan; il coupera MN suivant une droite BD qui sera perpendiculaire à AB et par suite parallèle à AC. Or la droite AC étant dans le plan $CABD$ ne peut rencontrer MN qu'au point de BD, ce qui est impossible. Donc, &c...

349. _______ Deux plans perpendiculaires à une même droite sont parallèles. En effet, si dans la figure précédente nous supposons que les droites AC et BD tournent en demeurant perpendiculaires à AB, BD engendrera le plan MN, et AC un plan parallèle à MN, puisque le second plan ne peut rencontrer le premier sans que les droites AC et BD ne se coupent, ce qui est impossible. Donc, etc...

350. _______ Puisque deux droites déterminent un plan, si nous prenons des positions AC et AC' de la génératrice du plan parallèle à MN, ce plan sera déterminé. Donc tout plan qui contient deux parallèles à un autre est lui-même parallèle à cet autre.

351. _______ La perpendiculaire à un plan est aussi perpendiculaire au plan parallèle. En effet, si AB est perpendiculaire à MN menant par le point A, les droites AC et AC' perpendiculaires à AB, elles seront dans le plan parallèle à MN. Or AB étant perpendiculaire à deux droites qui se coupent par son pied dans le plan CAC' sera elle-même perpendiculaire à ce plan. Donc, &c.

352. _______ Un plan qui contient une parallèle à une droite est lui-même parallèle à cette droite. C'est-à-dire que si le plan MN passe par la droite EF qui est supposée parallèle à AC, ce plan sera parallèle à AC. _______ En effet, abaissons AB perpendiculairement sur le plan MN, par le point B menons dans le plan MN, BD parallèle à EF. Les droites BD et AC étant toutes deux parallèles à une troisième EF seront parallèles entr'elles (346). Or, BD est perpendiculaire sur AB, sa parallèle AC sera donc aussi perpendiculaire à AB, c'est-à-dire à la normale au plan et par suite elle sera parallèle à ce plan.

353. _______ Réciproquement. Toute droite parallèle à une autre droite située dans un plan est elle-même parallèle à ce plan. Car le plan MN par cela seul qu'il contient la droite EF parallèle à AC est lui-même parallèle à AC, ce qui revient à dire que AC lui est parallèle.

354. _______ Lorsque deux plans sont parallèles à une même droite, leur intersection est parallèle à cette droite. Pour le prouver, soit la droite AB parallèle aux plans MN et PQ. Je dis que leur intersection PN sera parallèle à cette droite. En effet, par un point A pris sur la droite menons AC perpendiculaire au plan MN, elle le sera aussi à AB qui lui est parallèle; du même point menons AD perpendiculaire au plan PQ. AD sera aussi perpendiculaire à AB. Par AC et AD menons un plan il sera à la fois perpendiculaire aux plans MN et PQ (339), et réciproquement ces derniers lui seront perpendiculaires; par suite (342) leur intersection PN sera elle-même perpendiculaire au plan CAD. Donc PN et AB étant perpendiculaires au même plan seront parallèles entr'elles.

355. —————— Si deux plans parallèles sont coupés par un troisième les intersections seront parallèles. C'est-à-dire que si les plans parallèles MN et PQ sont coupés par un troisième RT, les intersections RS et TU de ce plan avec les deux premiers sont parallèles. En effet, les droites sont dans un même plan et de plus elles ne peuvent se rencontrer sans que les plans MN et PQ ne se rencontrent en même temps, ce qui est impossible.

356. —————— Les parallèles interceptées par des plans parallèles sont égales. Pour le prouver soient les droites AB, CD, EF &c. parallèles entr'elles et interceptées entre des plans parallèles MN et PQ. Par deux quelconques de ces droites AB et CD par exemple, menons un plan, les intersections AC et BD de ce plan avec les plans parallèles seront elles mêmes parallèles ; la figure ABDC sera donc un parallélogramme, par suite (163) les côtés opposés seront égaux ; on aura donc AB = CD, on aurait de même AB = EF, &c..

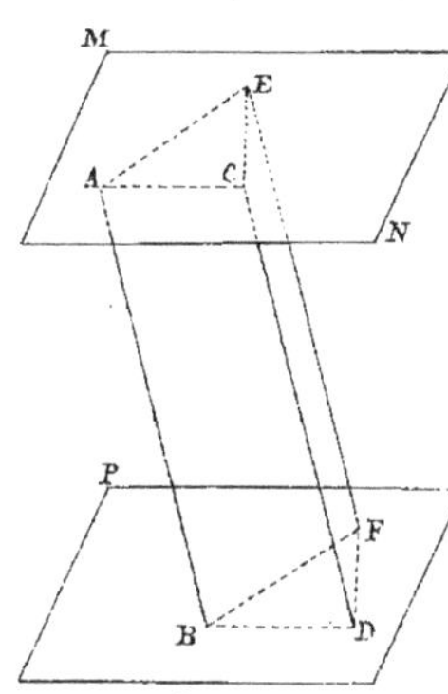

357. —————— Si dans la démonstration précédente on considère l'angle dièdre formé par les plans AD et AF et coupé d'une manière quelconque par les plans MN et PQ, les intersections formeront entr'elles les angles BAC & FBD et il est facile de voir que ces angles sont égaux. En effet, d'après ce qui précède les triangles EAC et BFD ont leurs côtés égaux chacun à chacun puisque les figures ABCD, ABFE, CDFE sont des parallélogrammes, donc leurs angles sont égaux, donc enfin lorsqu'un angle dièdre est coupé par des plans parallèles quelconques les angles des intersections sont égaux. La proposition avait été établie pour les angles formés par les perpendiculaires à l'intersection (335) et par suite pour les plans perpendiculaires à cette intersection, on voit qu'elle est vraie pour des plans parallèles quelconques.

358 —————— Il suit de là que deux plans parallèles sont partout à égale distance l'un de l'autre. En effet si on suppose une série de perpendiculaires abaissées de divers points de l'un des plans sur l'autre elles seront parallèles entr'elles et par suite égales.

359 —————— Dans les arts on fait usage de cette propriété pour construire facilement des courbes ou des surfaces planes. — Pour cela on—

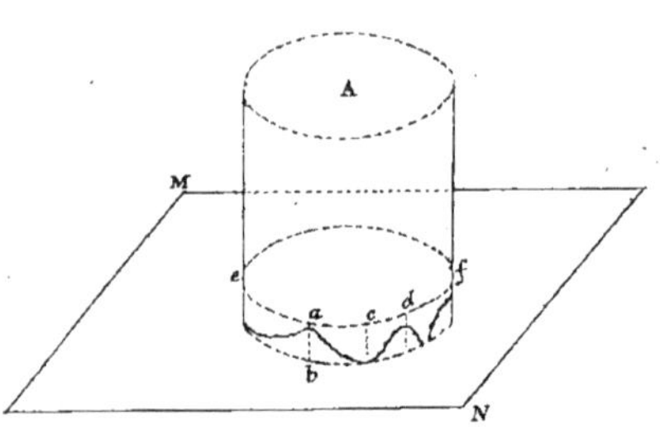

Je procure d'abord un plan bien dressé MN sur lequel on pose l'objet A que l'on veut terminer par une ligne ou une surface plane; puis mesurant au moyen d'un compas l'écartement ab du point du contour irrégulier, qui est le plus éloigné du plan, on porte cette distance tout autour de l'objet comme aux points $c, d, e,$ et f, ce qui donne une suite de points qui sont tous situés dans un plan parallèle à MN. La courbe e, a, c, d, f est donc plane (318).

360. _______ Les droites partant d'un même point et qui rencontrent des plans parallèles sont coupées en parties proportionnelle. Soient pour le prouver des droites quelconques menées par un point O, et coupées par le plan MN aux points A, B, C, D, et par le plan PQ aux points E, F, G, H, je dis que ces droites seront coupées proportionnellement. Pour le prouver par AO et OB imaginons un plan qui coupera les deux plans parallèles suivant AB et EF, ces deux droites seront parallèles et donneront la proportion (129) $OE : EA :: OF : FB$. Considérons ensuite le plan des droites OB et OC on

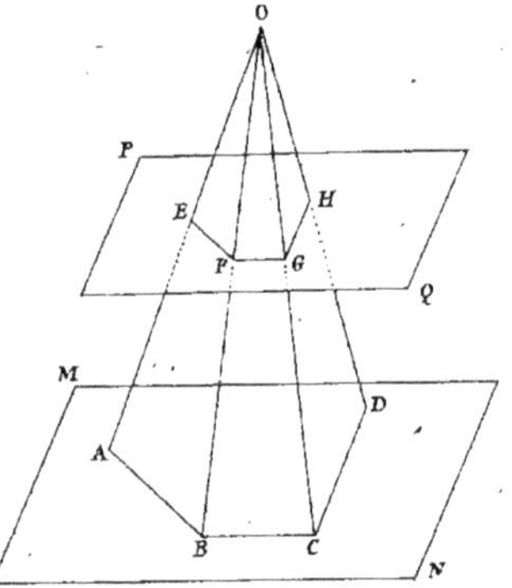

on aura $OF : FB :: OG : GC$, qui combinée avec la première donnera $OE : EA :: OF : FB :: OG : GC$, &c.

361. _______ Si on remarque de plus que les angles des plans OBA et OBC, OCB et OCD &c. sont coupés par des plans parallèles on aura $ABC = EFG, BCD = FGH,$ &c. on en conclura que les figures $ABCD--$ et $EFGH.....$ ayant leurs angles égaux chacun à chacun et leurs côtés homologues proportionnels sont des polygones ou des portions de polygones semblables.

362. _______ Deux droites quelconques qui rencontrent trois plans parallèles sont coupées en parties proportionnelles. Pour les prouver soient les trois plans MN, PQ, RS, et soient deux droites quelconques AC et FD qui coupent les plans, l'une aux points ABC, l'autre aux points DE et F. Je dis que l'on aura la proportion $BC : AB :: FE : ED$. En effet par la ligne AC faisons passer un plan et dans ce plan menons FH parallèle à AC et qui coupe &c.

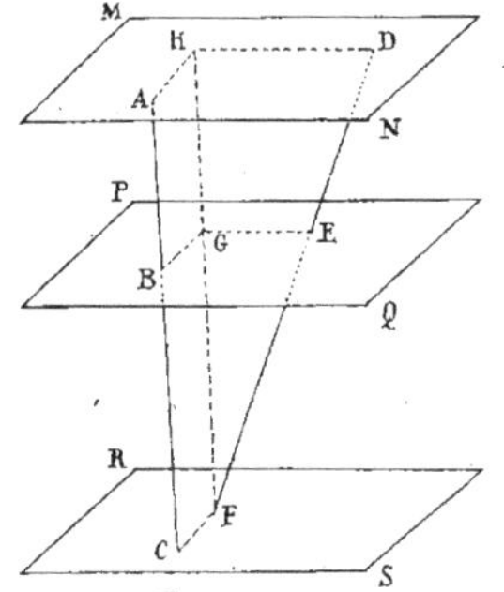

le plan PQ. Enfin par FH et FD menons un plan qui coupe le plan PQ suivant GE et le plan MN suivant HD. Ces intersections seront parallèles et par suite FH et FD seront coupées proportionnellement. On aura donc $FG : GH :: FE : ED$. Mais FG et CB sont égales ainsi que GH et AB (359). Opérant dans cette substitution il viendra $BC : AB :: FE : ED$. Ce qui est la proportion cherchée.

363. — — — — *Problème.* — Trouver la plus courte distance de deux droites. On appelle plus courte distance de deux droites la ligne la plus courte que l'on puisse tirer de l'une à l'autre de ces droites. Pour la trouver AB et CD étant les deux droites données que l'on suppose n'être pas parallèles par un point quelconque C. De l'une de ces deux droites menons CL parallèle à l'autre, et par CD et CL imaginons un plan MN. Par un point quelconque H de la première droite

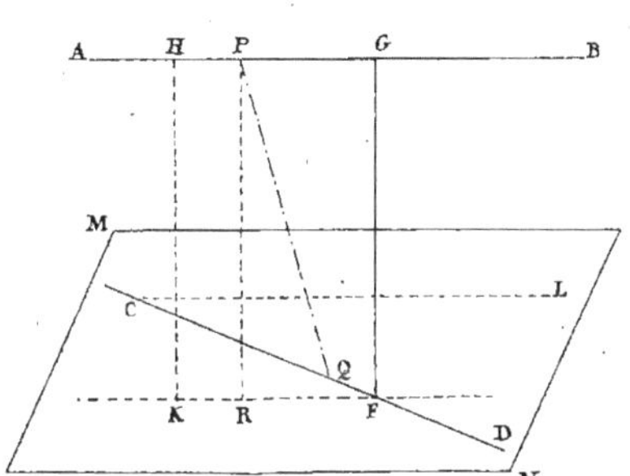

menons HK perpendiculaire au plan MN. Par le point K menons dans ce plan KF parallèle à A B ou à CL. Enfin dans le plan HKF menons FG parallèle à HK. FG sera perpendiculaire aux deux droites, et en même-temps la plus courte distance cherchée. En effet, 1° FG est perpendiculaire aux deux droites, car étant perpendiculaire au plan MN elle le sera d'abord à CD puis à KE et par suite à AB parallèle à KF; 2° elle sera la plus courte distance entre deux points quelconques des deux droites données, car toute autre ligne PQ sera plus longue que la perpendiculaire PR abaissée du point P sur le plan MN laquelle tombe nécessairement sur KF et est égale à GF puisque AB est parallèle au plan MN. — GF est donc la plus courte distance des deux droites; l'on peut donc dire en général que la plus courte distance de deux droites non parallèles est mesurée par la droite menée perpendiculairement sur les deux droites données.

364 — — — — — Les plans parallèles ont dans les arts des applications continuelles qu'il serait trop long d'indiquer même sommairement. Nous citerons seulement ici une de leurs applications, savoir: l'emploi que l'on en fait pour représenter les surfaces irrégulières comme, par exemple, la forme des montagnes dans les dessins topographiques. — Pour cela on suppose cette montagne coupée par une suite

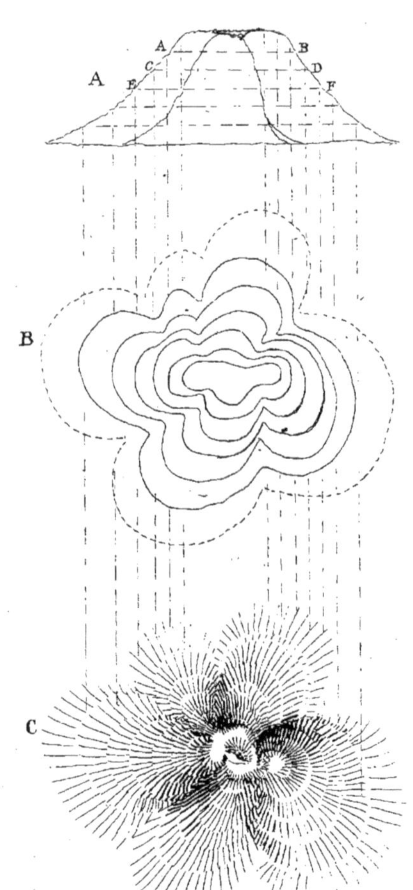

de plans parallèles équidistants A B, C D, E F, &c.... et l'on trace sur le papier les formes des sections horizontales qu' ils produisent. On détermine les points de ces courbes par une suite de nivellements dirigés dans chaque cas, selon les accidents du terrain. Le plus souvent après avoir tracé ces courbes on tire de l'une à l'autre des hachures perpendiculaires à chacune des lignes qui les terminent, et qui étant menées plus épaisses et plus serrées là où elles sont plus courtes donnent au premier coup d'œil une idée de la rapidité de la pente du sol.

Exercices. — Reproduire sur le papier au moyen de sections par des plans parallèles les formes des surfaces irrégulières.

Chapitre XXIII.

Des Solides.

365 — Les solides que l'on considère en Géométrie sont les Polyèdres et les trois corps ronds, c'est-à-dire le Cylindre, le Cône et la Sphère.

366. On appelle Polyèdres les solides terminés de tous côtés par des plans qui se coupent. Les intersections de ces plans sont les arêtes et les polygones qu'elles forment dans chaque plan sont les faces du Polyèdre.

367. Si l'on imagine un plan qui entre dans un solide, les intersections de ce plan avec la surface du solide formeront une figure ; cette figure s'appelle une section du solide. Si le solide est un Polyèdre, cette section sera nécessairement un Polygone fermé.

368. On appelle Tétraèdre le polyèdre qui a quatre faces, hexaèdre celui qui en a six, Octaèdre celui qui en a huit, &c ; comme il faut toujours quatre plans au moins pour enclore un certain espace, il n'y a pas de polyèdre ayant moins de quatre faces.

369. Le Prisme est un polyèdre terminé latéralement par des plans qui sont tous parallèles à une même droite et coupés transversalement par deux autres plans parallèles entre eux. Les sections AB et CD faites par ces deux derniers plans sont dites les bases du prisme, et la distance de ces deux plans mesurée par la perpendiculaire GH est la hauteur du prisme.

370. Les arêtes latérales d'un prisme sont parallèles et égales entr'elles. En effet, les plans qui en forment les faces étant tous, d'après la définition, parallèles à une même droite, leurs intersections mutuelles seront aussi parallèles à cette droite (354) et par suite parallèles entr'elles (346). De plus, elles sont égales comme parallèles interceptées entre plans parallèles.

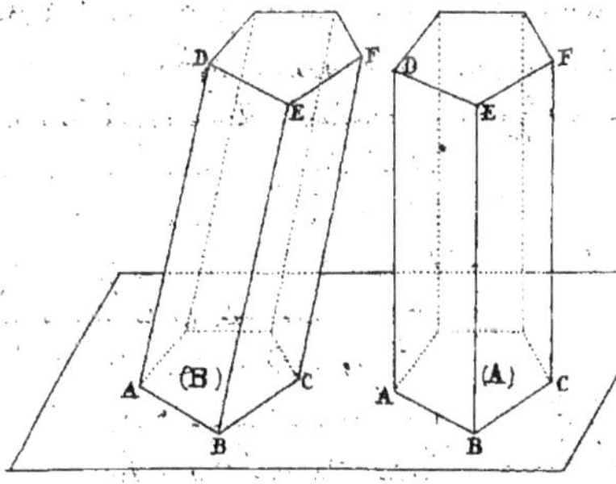

Si les arêtes sont perpendiculaires aux plans des bases, toutes les faces seront perpendiculaires à ces bases et le prisme est alors un prisme droit (A), il est oblique (B) lorsque les arêtes sont obliques aux plans des bases.

371. Toutes les faces latérales d'un prisme sont des parallélogrammes. En effet les arêtes AD, BE, CF, &c sont parallèles (370), les côtés des bases AB, et DE, BC et EF, &c le sont pareillement deux à deux comme intersection du même plan avec deux plans parallèles. Chacune des faces ABED, BCFE, &c

en donc un parallélogramme.

372. __________ Il suit de là que les deux bases d'un prisme sont des polygones égaux. En effet AB et DE, BC et EF &c sont égaux comme côtés opposés d'un parallélogramme; de plus tous les angles tels que ABC et DEF de ces mêmes côtés sont égaux comme intersection d'un angle dièdre par des plans parallèles (357), les bases ont donc les côtés et les angles égaux chacun à chacun et sont égales. Par conséquent aussi si l'on coupe un prisme par un plan parallèle à la base, la section sera un polygone égal à cette base. Car on peut répéter ici tout ce que l'on vient de dire de la seconde base par rapport à la première.

373. __________ On voit d'après ce qui précède quel'on peut concevoir la surface latérale du prisme, engendrée de deux manières 1.º soit par un polygone ABCD qui marcherait toujours parallèlement à lui-même, en s'appuyant toujours sur une ou plusieurs droites données, et alors il est clair que chacun des côtés AB, BC, CD, &c de ce polygone, décrirait une des faces du prisme; 2.º soit par une droite MN qui marcherait en restant toujours parallèle à elle-même, et s'appuyant toujours sur le contour ABCD d'un polygone donné, auquel cas cette droite MN décrirait aussi successivement chacune des faces latérales du prisme.

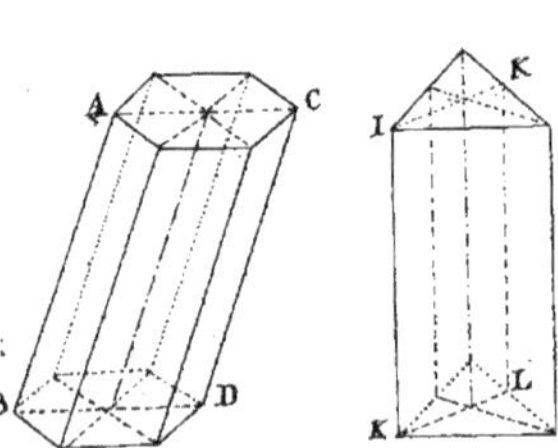

Le prisme est dit Triangulaire, quadrangulaire, hexagone, &c. selon que sa base, ou, ce qui revient au même, le polygone ABCD est lui-même un triangle, un quadrilatère, un hexagone, &c.....

374. __________ Si les bases sont des polygones réguliers ils auront un centre, et considérant le prisme comme engendré par le mouvement de l'une des ses bases marchans parallèlement à elle-même le long des arêtes, le centre de la base décrira une droite égale et parallèle aux arêtes. Il est d'ailleurs facile de voir que les plans menés par deux arêtes opposées AB et CD (si le nombre des arêtes est pair) ou par une des arêtes IK et la ligne milieu de la face opposée KL, (si le nombre des arêtes est impair) passeront tous par les centres des bases, et auront par conséquent pour intersection commune la ligne qui joint les centres de ces bases, cette ligne s'appelle l'axe du prisme.

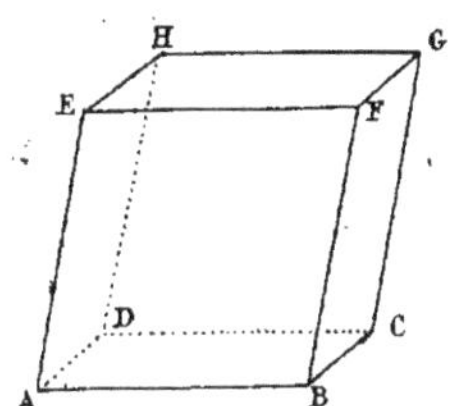

375. ___________ On appelle Parallélépipèdes les prismes qui ont pour bases un parallélogramme. Comme dans tous prismes les bases sont des polygones égaux entre eux et les faces latérales des parallélogrammes, on voit que dans un parallélépipède toutes les faces sont des parallélogrammes. Il suit de là que dans un parallélépipède toutes les arêtes dirigées dans le même sens sont égales et parallèles. En effet $ABCD$ étant un parallélogramme, AB sera égal et parallèle à DC, par la même raison DC est égale et parallèle à HG, HG à EF, EF à AB. On en dirait autant des quatre autres arêtes. De plus les parallélogrammes qui forment les faces opposées du parallélépipède sont égaux entre eux, de sorte que ce solide est un prisme, quelque soit la face que l'on prenne pour base. Il y a donc trois axes qui unissent deux à deux les centres des six faces.

376. ___________ Dans tout parallélépipède les diagonales et les axes se coupent mutuellement en un même point en deux parties égales. En effet, menons un plan par deux arêtes opposées DH et BF, ce plan contiendra l'axe MN. La figure $HDBF$ sera un parallélogramme et les diagonales HB et DF de ce parallélogramme, qui sont en même temps les diagonales du parallélépipède se couperont au point O en parties égales, et l'axe MN qui joint les milieux des côtés opposés HF et DB sera aussi coupé au même point en deux parties égales (169). Si on imagine un autre plan passant par les deux autres arêtes AE et CG du parallélépipède, ce plan contiendra les deux autres

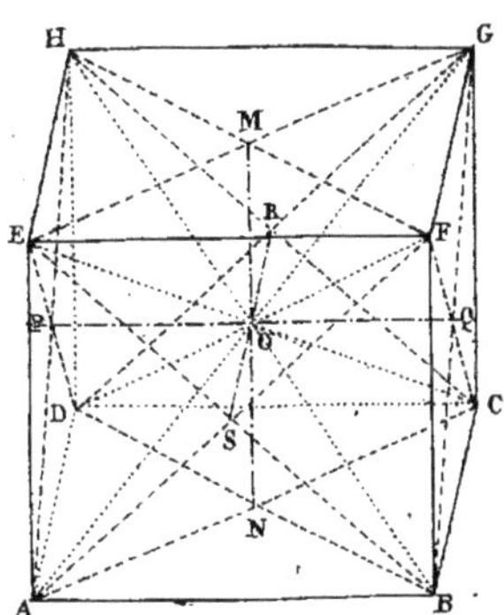

diagonales EC et AG qui se couperont aussi en deux parties égales au milieu de la ligne MN, c'est-à-dire que le point d'intersection sera le même que le précédent. — Tout plan mené par deux autres arêtes opposées comme EF et CD contiendra deux des diagonales précédentes EC et FD, elles se couperont donc comme précédemment au point O en deux parties égales, et il en sera de même de l'axe PQ qui joint les centres des faces $ADHE$ et $BCGF$, enfin on prouverait autant à l'égard du 3me axe RS. Donc, &c. Le point O ainsi déterminé est le centre du parallélépipède.

377. ___________ Le Parallélépipède est un Parallélépipède rectangle lorsqu'il est droit

et que la base est un rectangle, les arêtes étant alors toutes perpendiculaires sur la base. Il est facile de prouver que toutes les faces sont des rectangles. D'abord les deux bases le sont, puisque la seconde est égale à la première. Les faces latérales le sont aussi, car l'arête AE, par exemple, étant perpendiculaire sur la base, le sera aux droites AB et AD qui se croisent par son pied, elle le sera aussi à EF et à EH parallèles aux premières. Les angles BAE, DAE, AEF, AEH, sont donc droits et ainsi des autres. Les faces

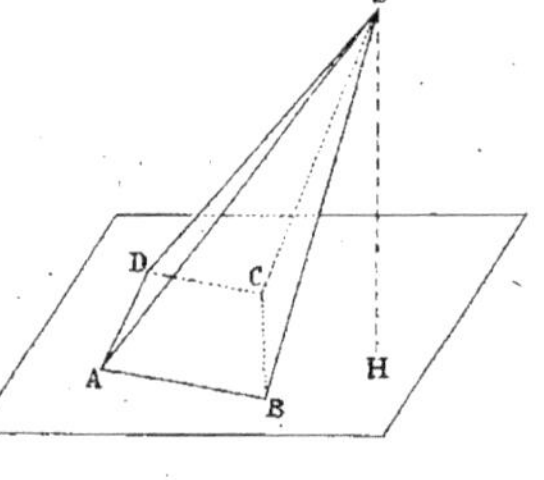

ont donc tous leurs angles droits, elles sont d'ailleurs des parallélogrammes. Donc, &c.

378. _______ Le Cube est un parallélogramme rectangle qui a toutes ses arêtes égales, c'est-à-dire dont la base est un carré et dont chaque face latérale est pareillement un carré égal à la base; ce cube est donc renfermé entre six faces régulières et égales entre elles, c'est l'hexaèdre régulier.

379 _______ On appelle Pyramide un solide qui a pour base un polygone et dont toutes les faces latérales sont formées par des plans menés suivant les côtés de cette base et se coupant tous en un seul point que l'on appelle le Sommet de la pyramide. Le solide ABCDS est donc une pyramide dont ABCD est la base et S le sommet; les triangles ASB, BSC, CSD, &c. sont appelés les faces de la pyramide, et sa hauteur se mesure par la perpendiculaire SH abaissée du sommet sur le plan de la base.

380 _______ On voit d'après cela que la surface latérale de la pyramide peut être considérée comme engendrée par une ligne droite qui tournerait en passant toujours par un même point et en s'appuyant aussi toujours sur le contour d'un polygone donné ABCD. La pyramide est dite Triangulaire, Quadrangulaire, hexagone, &c., selon que sa base est un triangle, un quadrilatère, un hexagone, &c...

381 _______ D'après cette définition, si on coupe une Pyramide par un plan parallèle à la base, la section sera un polygone semblable à la base, comme on l'a démontré pour les lignes partant d'un même point et rencontrées par des plans parallèles (364). Si donc la base de la pyramide est un polygone régulier, la section

faite par un plan parallèle à la base sera aussi un polygone régulier,

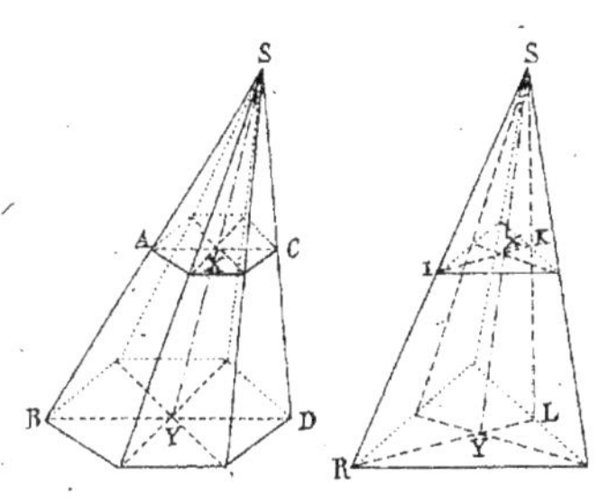

et faisant passer des plans par deux arêtes opposées, SB et SD, (si le nombre des arêtes est pair) ou (si le nombre des arêtes est impair) par une arête SR et la ligne SI, qui joint le sommet au milieu I du côté opposé à l'angle K; tous les plans ainsi menés passeront par le centre Y de la base, ils couperont toutes les sections AC et IK suivant des droites qui seront semblablement placées dans les sections et dans les bases. Ces lignes se couperont donc au centre X de ces sections, en sorte que l'intersection commune de tous les plans sera une droite passant par le sommet et par le centre de toutes les sections parallèles à la base. C'est ce qu'on appelle l'axe de la pyramide.

382. ——————— On appelle pyramide régulière celle dont la base est un polygone régulier et dont le sommet est sur la perpendiculaire au plan de la base qui passe par le centre de cette base. — Il est facile de voir que dans ce cas:

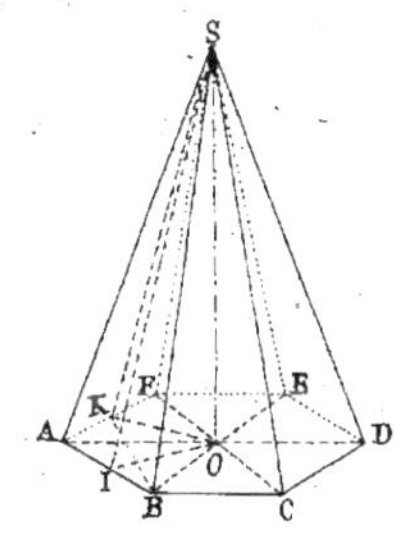

1° Toutes les arêtes SA, SB, SC, &c. sont égales, puisqu'elles partent toutes du même point S de la perpendiculaire en s'écartant également de son pied O; 2° Toutes les faces sont égales comme ayant leurs trois côtés égaux chacun à chacun; 3° Toutes les faces sont également inclinées sur la base. En effet si du point S on abaisse des perpendiculaires SI, SK, sur les côtés AB et AF, elles tomberont au milieu de ces côtés et seront égales entr'elles puisque les faces peuvent se superposer. Du point O menant des perpendiculaires sur les mêmes côtés elles passeront aussi par les mêmes points I et K et seront égales entr'elles. Les triangles SIO et SKO auront donc leurs côtés égaux et seront égaux; donc les angles SIO et SKO sont égaux. Or, ces angles formés par des perpendiculaires en un même point de l'intersection des faces et de la base, mesurent l'inclinaison de ces faces avec la base. Donc, &c.

383 ——————— Parmi les pyramides régulières il faut remarquer celle qui a pour base un triangle équilatéral et dont toutes les arêtes sont égales aux côtés de la base. Toutes les faces de cette pyramide y compris la base elle-même sont des triangles équilatéraux égaux entr'eux. C'est le Tétraèdre régulier.

384 ——————— Le Cylindre est un prisme à base circulaire. On a vu que la

circonférence de cercle pouvait être considérée comme un polygone d'un nombre infini de côtés (220). Si donc on suppose un prisme quelconque dont la base soit un polygone régulier ABCDEF, inscrit dans la base d'un cylindre, et si par les côtés de ce polygone et les arêtes du cylindre correspondant à ses sommets on mène les plans, on aura un prisme; si on inscrit dans ce même cercle le polygone régulier d'un nombre de côtés double (186) et que par les nouveaux sommets on mène des parallèles aux anciennes arêtes, le premier prisme sera changé en un autre qui aura deux fois plus de faces

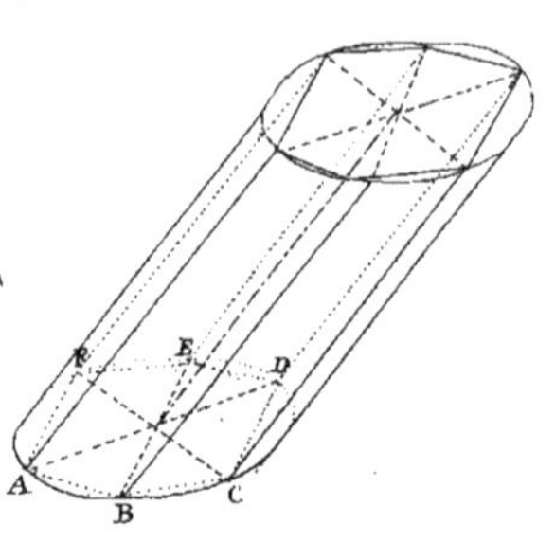

et d'arêtes, mais qui sera toujours un prisme, et si l'on continue à doubler ainsi le nombre des côtés, le polygone finira par se confondre avec le cercle, et les angles des faces latérales disparaîtront à la limite; le solide sans avoir cessé d'être prismatique sera alors devenu un cylindre.

385. ________ Le prisme qui a pour base le polygone ABCDE inscrit dans le cercle AD est lui-même dit inscrit, dans le cylindre qui a pour base AD. On voit que les arêtes passant par les sommets A B C, &ᶜ. du polygone sont communes au prisme inscrit et au cylindre circonscrit.

386. ________ Les sections faites dans un cylindre par des plans parallèles à la base sont des cercles égaux à cette base. En effet, si nous revenons au prisme primitif qui avait pour base un polygone régulier d'un certain nombre de côtés, les sections du prisme faites parallèlement à la base donnaient des polygones égaux à cette base, l'égalité n'a pas cessé lorsqu'on a doublé successivement le nombre des côtés; à la limite cette égalité existe donc encore. Remarquons de plus que dans cette transformation, du polygone en cercle, le centre du polygone est demeuré le centre du cercle, et l'axe du prisme est devenu celui du cylindre; les arêtes du prisme n'ont pas cessé jusqu'à la limite d'être toutes égales et parallèles entr'elles; par conséquent on peut considérer la surface du cylindre comme engendrée 1° soit par un cercle qui marcherait parallèlement à lui-même et dont le centre ne sortirait pas d'une ligne donnée qui en serait l'axe; 2° soit par une droite qui marcherait le long du cercle qui forme la base du cylindre en restant toujours parallèle à sa première direction ou encore à la direction de l'axe. Si cette génératrice est perpendiculaire au plan de la base, le cylindre sera droit, il sera oblique dans le cas contraire.

387. ________ Si au point A de l'une des bases circulaires et dans le plan de cette base on lui mène une tangente AB et si nous supposons que AC soit

la génératrice du cylindre passant par le point A, si cette droite marche le long 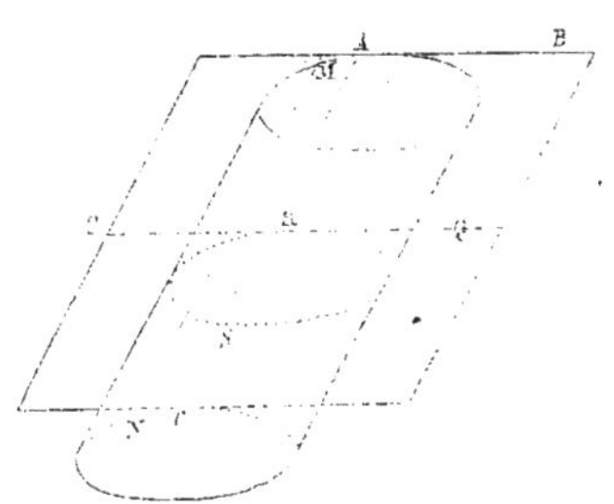 de AB en restant toujours parallèle à elle même elle décrira un plan qui sera tangent au cylindre dans le long de cette génératrice, c'est à dire que tout plan parallèle aux bases coupera le cylindre suivant un certain cercle RS et le plan BAC suivant une certaine droite PQ qui sera tangente en R à ce cercle. En effet prenons une position MN d'une génératrice du point A quelque rapproché que soit le point M du point A il ne sera pas sur la tangente AB, et MN qui est parallèle à AC sera partout à la même distance du plan BAC que le point M l'est de AB, elle ne le rencontrera donc jamais, non plus que la ligne PQ tracée dans le plan. Il en serait de même des génératrices menées de l'autre côté de AC ; PQ n'aura par conséquent que le point R de commun avec le cercle RS, elle sera donc tangente à ce cercle. Il est facile de voir que la même démonstration s'appliquerait à une section quelconque même non parallèle à la base, seulement alors la courbe d'intersection avec le cylindre ne serait plus un cercle.

388 — Si on suppose un polygone ABCD circonscrit à la base du cylindre et 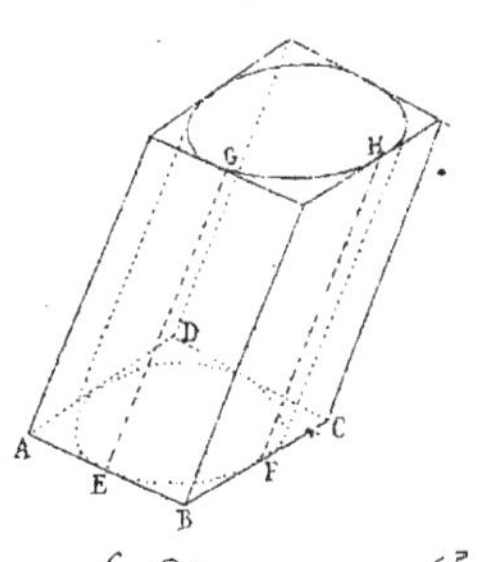 dont les côtés touchent cette base aux points E F, &c. ; les plans menés suivant les côtés du polygone et les génératrices EG, FH.... passant par les points de contact formeront un prisme circonscrit au cylindre, et dont toutes les faces seront tangentes à la surface du cylindre.

389 — Le Cône est une Pyramide à base circulaire. On passe de la pyramide 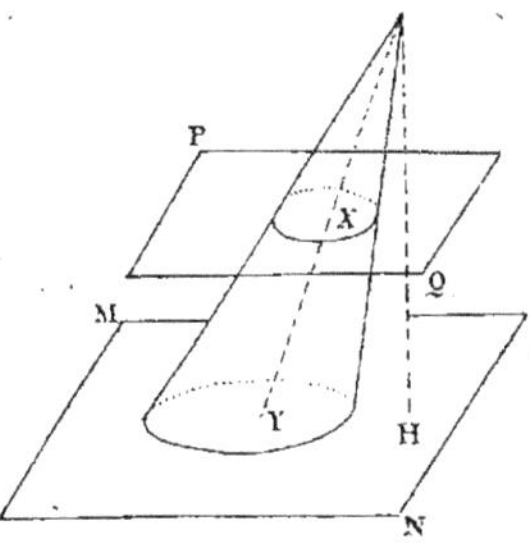 au cône, de la même manière que l'on a passé du prisme au cylindre (384), et l'on prouve aussi de la même manière 1°. Que toute section faite dans un cône par un plan PQ parallèle au plan MN de la base est un cercle ; 2°. que la droite SY qui joint le sommet au centre de la base passe par le centre X de la section faite par le plan PQ, en sorte que SY est l'axe du cône ; 3°. que si l'on suppose un polygone inscrit dans le cercle de base, les génératrices passant par les sommets

de ce polygone seront communes au cône circonscrit et à la pyramide inscrite.

La hauteur du cône est, comme pour la pyramide, la perpendiculaire SH abaissée du sommet sur le plan de la base.

390. _______ On peut concevoir la surface du cône comme engendrée par une

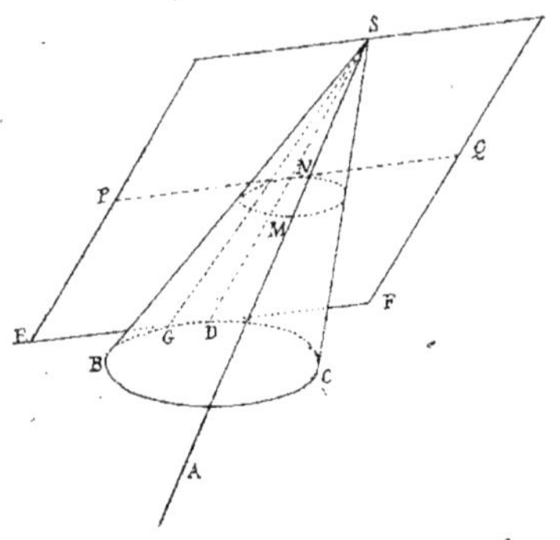

droite SA qui passant toujours par le sommet S, s'appuierait constamment sur la base BAC. Si en un point quelconque D on suppose une tangente EF, le plan mené suivant SD et la tangente EF, sera tangent au cylindre tout le long de la génératrice SD. C'est-à-dire que tout plan parallèle à la base coupera le cône suivant un cercle MN et le plan suivant une ligne PQ tangente à ce cercle au point N. En effet, toute autre génératrice SG voisine de SD, ne rencontrera pas la tangente DF, elle aura donc un point hors du plan et par suite elle n'aura de commun avec lui que le seul point S où toutes les génératrices se rencontrent: PQ ne rencontrera donc pas SG. On en dirait autant de toute autre génératrice menée de l'autre côté de SD; la droite PQ n'aura donc de commun avec le cercle MN que le point N, elle sera donc tangente en ce point. Remarquons ici comme pour le plan tangent au cylindre, que la même démonstration s'appliquerait à une section non parallèle à la base seulement, alors l'intersection avec le cône ne serait plus un cercle.

391. _______ Si on suppose un polygone ABCD circonscrit à la base du cône et dont les côtés sont tangents aux points EF, &c., le plan mené suivant un côté de la base AB et la génératrice SE passant par le point de tangence, sera tangent au cylindre, et la pyramide dont ABCD sera la base et S le sommet sera elle-même circonscrite au cylindre auquel toutes les faces seront tangentes suivant les génératrices SE, SF, &c.

392. _______ Si l'axe est perpendiculaire à la base le cône est droit, il est oblique dans le cas contraire. En se rappelant ce qui a été dit de la perpendiculaire au plan (326) il est facile de voir que dans ce cas 1° Toutes les génératrices sont égales; 2° toutes sont également inclinées sur le plan de la base, puisque le triangle ASO ne change pas. Par suite aussi l'angle SAO est partout le même, en sorte que l'on peut dire que

le cône droit est une surface engendrée par une ligne qui tourne autour d'une autre
en faisant toujours avec elle un angle donné. C'est ainsi généralement que l'on
exécute un cône droit, dans les arts, par exemple, au moyen du tour.

393. ———————— Remarquons qu'à mesure que l'angle du cône s'ouvre, le sommet
s'abaisse et la surface engendrée approche
du plan; elle se confond avec lui lorsque le
sommet arrive en O dans le plan MN de la
base et alors les deux génératrices forment
une seule ligne droite MN, laquelle est nécessairement perpendiculaire à l'axe SO. C'est
ainsi que les Tourneurs, font des plans perpendiculaires à l'axe du tour, et pour
s'assurer qu'il est bien perpendiculaire, il leur suffit de constater que les lignes
OM et ON forment une seule ligne droite, car les angles des côtés avec l'axe étant
toujours les mêmes, MOS et NOS étant égaux sont droits.

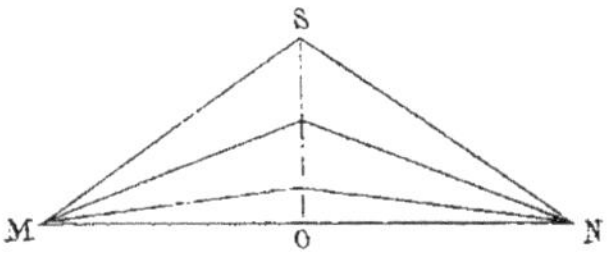

394. ———————— Pour faire un cylindre droit, le tourneur l'engendrera par une suite
de cercles égaux au diamètre donné et perpendi-
culaire à l'axe. Les autres ouvriers en bois
circonscrivent d'abord un carré au cercle de base
donné, puis un octogone, puis un polygone de 16,
32, &c. côtés et faisant passer par les côtés, des
plans parallèles à l'axe, ils finissent ainsi par
reproduire le solide. On voit dans ces deux
manières d'agir l'application des deux modes
de génération exposés plus haut (384).

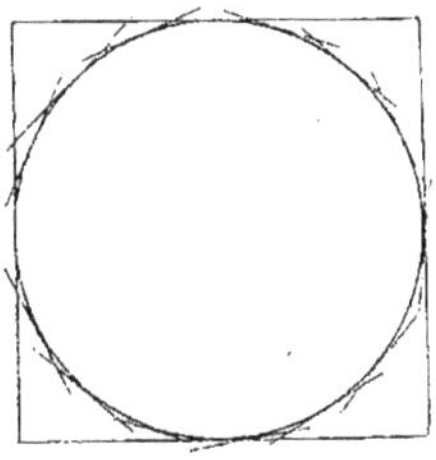

395. ———————— La Sphère est un solide terminé par une surface dont tous les points sont
à égale distance d'un point intérieur qu'on appelle centre.

396. ———————— Toute section faite dans la sphère par un plan est un cercle. Ceci est évident,
pour tout plan passant par le centre de la sphère; la section est alors un cercle qui
a pour rayon le rayon même de la sphère. —
Mais si on suppose un plan PQ ne passant
pas par le centre, les obliques CA, CB, &c. et
menées du centre au contour de la section AB
seront toutes égales, elles s'écarteront donc toutes également du pied D de la perpendiculaire,
la section sera donc un cercle dont DA sera le
rayon. On sait de plus (328) que D est le pied de la perpendiculaire abaissée sur le
plan PQ. On peut donc ajouter à cette proposition que le rayon mené perpendiculairement sur le plan de la section passe par le centre du cercle d'intersection et
réciproquement.

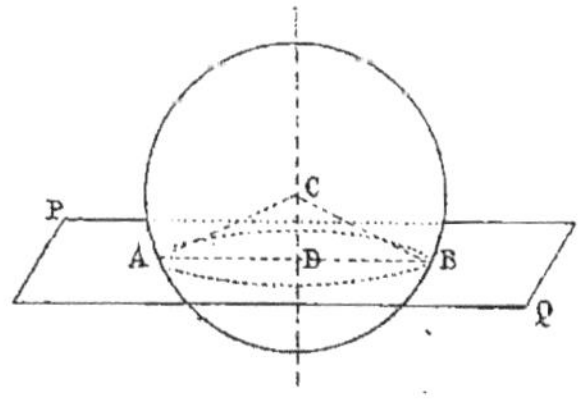

397. ———————— Toute corde AB étant plus petite que le diamètre, les cercles d'intersection

obtenus par des plans passant par le centre seront les plus grands que l'on puisse avoir dans une sphère donnée, et on les nomme les grands cercles de la sphère; les autres sont les petits cercles.

397. — Il suit de là 1° que deux grands cercles se coupent toujours en deux parties égales, car leurs plans passant par le centre, leur intersection est un diamètre de la sphère qui est en même temps un diamètre des deux cercles et qui partage chacun d'eux en deux parties égales (27). 2° Chacun d'eux partage la surface de la sphère en deux parties égales, car si on retourne un des hémisphères pour l'appliquer sur l'autre de manière que les grands cercles qui leur servent de base se confondent, les surfaces devront aussi se confondre, sans quoi il y aurait des points inégalement éloignés du centre, ce qui est impossible.

398. — D'après cela, si par un point quelconque A pris sur la surface de la sphère on la coupe par un plan passant par le centre, on aura un grand cercle AOB et si on fait tourner ce cercle autour du diamètre AB comme axe, il est clair que la circonférence AOB se confondra dans toutes ses positions avec la surface de la sphère; on peut donc considérer la sphère comme engendrée par un cercle tournant autour d'un de ses diamètres. Si on suppose une suite de cordes DE, FG, &c. perpendiculaires au diamètre qui sert d'axe, dans le mouvement de rotation ces cordes engendreront des plans dont les sections avec la sphère seront des cercles ayant NG, ME, &c. pour rayons, et dont les centres seront sur le rayon AN perpendiculaire à ces plans comme on l'a vu précédemment.

399. — Si de plus au point A on suppose une tangente HI, elle n'aura avec le cercle que le point A de commun et il en sera de même dans toutes les positions que prend le cercle en tournant. Dans ce mouvement HI engendrera un plan qui n'aura que le point A de commun avec la sphère et qui par suite sera le plan tangent, on voit que le plan tangent à la sphère est perpendiculaire à l'extrémité du rayon qui passe par le point de tangence, et que les plans qui lui sont parallèles coupent la sphère suivant des cercles dont le centre est sur le même rayon passant par le point de tangence. Propriété analogue à celle du cercle.

400. — Si on suppose deux cercles A et B tangents entre eux et à une même droite CD, on sait que cette droite est perpendiculaire à la ligne des centres (115). Si on fait tourner la figure autour de AB comme axe, on voit que les cercles A et B engendreront des sphères et la tangente CD un plan tangent qui leur sera commun, ce qui conduirait pour les sphères tangentes à des propositions analogues à celles démontrées par les cercles tangents (115 et 116).

402. — L'Intersection de deux sphères est toujours une circonférence de cercle. Soit A et B le centre des deux sphères. Par A et B menons un plan qui les coupe suivant deux grands cercles, lesquels eux-mêmes se couperons en C et en D; le point A étant à égale distance de C et de D sera sur la perpendiculaire élevée sur le milieu de CD. Il en sera de même du point B. A et B seront donc sur la même droite perpendiculaire sur le

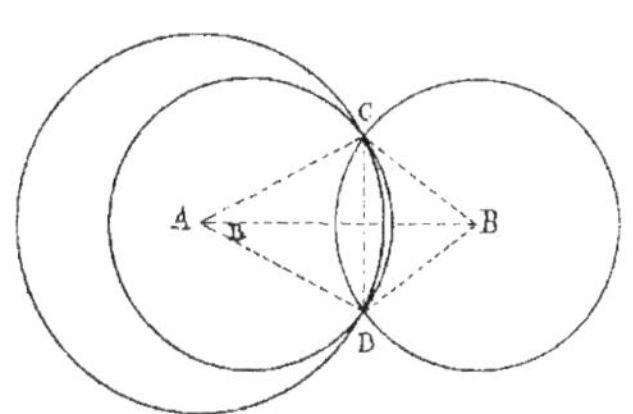

milieu de CD, et réciproquement CD sera perpendiculaire sur AB. Si donc on fait tourner la figure autour de AB comme axe, CD décrira un plan dont l'intersection commune aux deux sphères sera la circonférence dont CD est le diamètre.

Chapitre XXIV.

De la mesure des Surfaces des Solides.

403. — Les surfaces des polyèdres étant composées de polygones il sera toujours facile de les mesurer d'après les procédés indiqués (chapitre XVIII); mais pour les surfaces latérales du prisme et de la pyramide régulière on peut opérer plus simplement.

404. — On appelle section droite d'un prisme, la section faite par un plan perpendiculaire aux arêtes, ou ce qui revient au même, perpendiculaire à l'axe de ce prisme. Le nom de section droite lui convient en ce qu'elle forme des angles droits avec les arêtes, et aussi en ce qu'elle devient une ligne droite dans les développemens de la surface

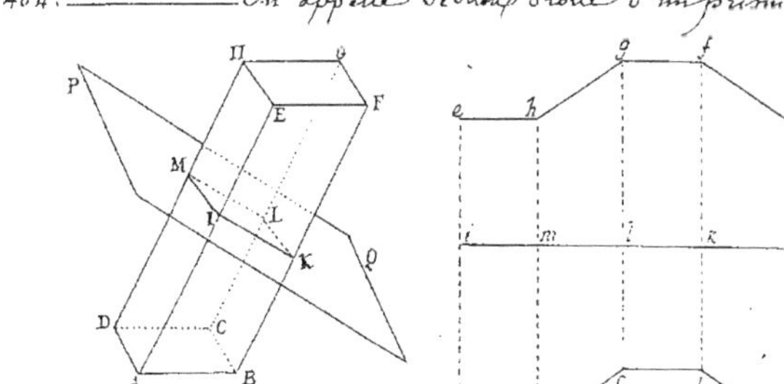

du prisme. En effet soit le prisme oblique A G coupé par un plan P Q perpendiculaire aux arêtes ; appliquons la face A B F E du prisme sur un plan a b f e, et faisons le tourner autour de l'arête B F, la face B G viendra en b g, puis la face C H en c h, &c. Or l'arête B F étant perpendiculaire au plan P Q, elle le sera en I K et à K L, I K et K L formeront donc une ligne droite dans le développement ; il en sera de même de K L, l m, &c.

405. __________ La surface latérale d'un prisme a pour mesure le produit du périmètre de la section droite par la longueur de l'une des arêtes. En effet, chacune des faces est un parallélogramme qui a pour mesure le produit de la base, c'est-à-dire une des arêtes par la longueur I K, K L, L M, &c. La somme des parallélogrammes aura donc pour mesure le produit d'une des arêtes par la somme des longueurs I K, K L, L M, &c., c'est-à-dire par le périmètre de la section droite. Il est clair qu'à la longueur des arêtes on pourrait substituer dans cette expression, la longueur de l'axe.

406. __________ Remarquons que si le prisme est droit chacune de ses bases sera une section droite, et le développement de la surface latérale du prisme sera un rectangle dont la base sera égale au contour de l'une des bases du prisme, et la hauteur, la hauteur même du prisme. La surface d'un prisme droit est donc égale au produit de sa hauteur par le contour de l'une de ses bases.

407. __________ Ce qui précède est vrai quelque soit le nombre des côtés et de quelque manière qu'on les multiplie. Or, en les multipliant indéfiniment ; à la limite, le prisme devient un cylindre (387). Donc 1°. La section faite dans un cylindre par un plan perpendiculaire à l'axe devient une ligne droite dans le développement ; 2°. La surface latérale de ce cylindre est égale au produit de la longueur de l'axe par le périmètre de la section droite ; 3°. Si le cylindre est droit, les bases seront des sections droites, la surface latérale deviendra un rectangle dans le développement et aura pour mesure le produit de la longueur de l'axe par le contour de l'une des bases.

408. __________ La surface latérale d'une Pyramide régulière est égale au produit de sa base par la moitié de l'apothème. En effet,

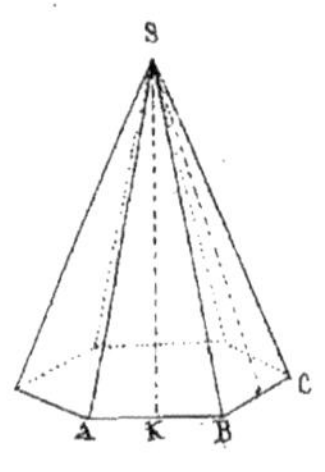

la face A S B a pour mesure le produit de la base A B par la moitié de l'apothème S K, et comme tous les apothèmes sont égaux, la face B S C aura pour mesure le produit de B C par la moitié de S K et ainsi des autres, on aura donc pour la surface entière le produit de A B + B C + C D, &c., c'est-à-dire du contour de la base par la moitié de l'apothème.

409. __________ On serait arrivé au même résultat en développant la Pyramide comme on a fait pour le prisme. Toutes les faces étant égales elles formeront dans le développement une portion régulière de polygone dont la mesure

sera la même que celle indiquée plus haut.

Remarquons qu'il faut dire ici une portion régulière de polygone et non pas une portion de polygone régulier, car l'angle au centre bSa de ce polygone étant égal à l'angle du sommet BSA de la pyramide, il faudrait pour que le polygone fût régulier que cet angle fût précisément une partie aliquote de la circonférence entière, ce qui n'aura lieu que dans des cas particuliers.

410. ———— Si par un plan on retranche d'une pyramide la partie supérieure qui en forme la pointe, la partie restante se nomme tronc de pyramide ou pyramide tronquée, ce tronc est régulier si la pyramide entière était régulière et si les plans des deux bases supérieure et inférieure sont parallèles.

411. ———— La surface latérale d'un tronc de pyramide régulier a pour mesure le produit de la demi-somme des contours des deux bases par la hauteur de l'une des faces.

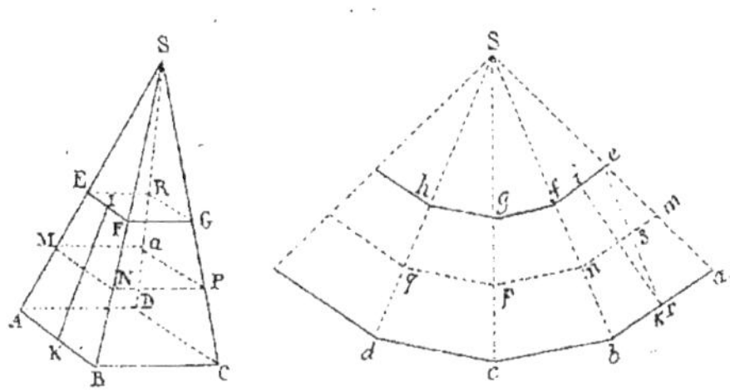

En effet chaque face du tronc de pyramide ayant ses deux bases parallèles est un trapèze $AEFB$, $BFGC$, &c. et chacun d'eux a pour mesure la demi-somme des deux bases $\dfrac{AB+EF}{2}$ multipliée par la hauteur IK du trapèze (79) et comme cette hauteur est la même pour tous, la surface totale aura pour mesure la demi-somme des côtés (c'est-à-dire des périmètres) des bases multipliée par la hauteur des faces. On pourrait remplacer la demi-somme des contours des deux bases par le contour de la section $MNPQ$ menée à égale distance de ces bases. En effet, si sur l'une des faces $aefb$ on mène er parallèle à fb et si on suppose ae partagé en deux parties égales au point m, mn sera la moitié de ar, puisque em est la moitié de ae, et par suite la somme des bases étant $ef + ab = 2br + ar$ la moitié sera $br + \dfrac{ar}{2}$ ou $ns + sm = nm$. On peut donc substituer mn à $\dfrac{ef+ab}{2}$ et le contour $mnpq$, &c. mené à égale distance des deux bases, à la demi-somme des contours de ces bases.

412. ———— Lorsqu'en multipliant indéfiniment le nombre des côtés la pyramide devient un cône, les mêmes résultats ont encore lieu; donc 1° la surface du cône est égale à la moitié du produit du périmètre de la base par son côté, c'est-à-dire par la longueur de la génératrice mesurée du sommet à la base, 2° la surface du tronc du cône a pour mesure le produit du contour de la section menée à égale

distance des deux bases par le côté du tronc.

413. __________ Dans le développement de la surface de la pyramide, lorsqu'elle devient un cône, les périmètres des portions de polygone qui forment les deux bases, deviennent des arcs de cercles ab, cd, décrits des rayons $sa = SA$ et $sc = SC$ &c. et égaux, chacun, aux contours des deux bases AB et CD. Si donc on roule la figure $abdc$

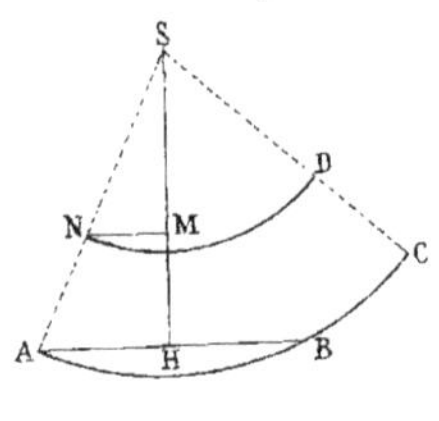

de manière que les bases reprennent la forme circulaire, on reproduira la surface du tronc de cône; c'est ainsi que l'on procède dans les arts pour exécuter cette surface; c'est-à-dire que connaissant la hauteur du cône et le diamètre de la base, sur ce diamètre AB élevant la perpendiculaire HS égale à la hauteur donnée, puis du point S comme centre et avec AS comme rayon décrivant un arc de cercle ABC, sur lequel on prendra une longueur AC égale à la base, la figure $SABC$ roulée sur elle-même donnera le cône.

La construction serait à peu près la même s'il s'agissait d'un tronc de cône dont on connaîtrait la hauteur et les diamètres des bases. Alors portant le diamètre inférieur en AB, la hauteur en HM et le rayon de la base supérieure de M en N perpendiculairement à HM joignant AN prolongée jusqu'à la rencontre de HM en S. S sera le sommet du cône. On décrira comme précédemment les arcs AC et ND et la figure $ACDN$ roulée sur elle-même, reproduira le tronc de cône.

414. __________ La surface de la sphère étant engendrée par un demi-cercle $MABN$ tournant autour du diamètre MN; pour en mesurer la surface imaginons d'abord à quoi est égale celle engendrée par la corde AB tournant autour de même diamètre. Pour cela abaissons les perpendiculaires AE, BF passant par les extrémités de AB, CD passant par le point C milieu de AB, enfin joignons CO et tirons BG parallèle à MN. La surface décrite par AB sera un tronc de cône qui aura pour mesure le produit de la circonférence dont CD est le rayon par la hauteur AB de la surface du tronc (412). ce que nous exprimerons ainsi: circ. $CD \times AB$. Or, remarquons que les triangles ABG et CDO sont semblables comme ayant leurs côtés perpendiculaires et donnant la proportion $CD : CO :: BG : AB$ ou en remarquant que les circonférences sont entr'elles

comme leurs rayons et remplaçant BG par son égale EF on aura circ: CD: circ: CO:: EF: AB, d'où circ: CD × AB = circ. CO × EF. Si donc AB est un polygone régulier on pourra mesurer la surface que décrit le côté AB en multipliant la circonférence dont l'apothème est le rayon par la partie de l'axe interceptée entre les perpendiculaires abaissées des extrémités du côté tournant sur cet axe.

Il suit delà que si on suppose dans la demi-circonférence entière une moitié de polygone régulier d'un nombre pair de côtés, et dans lequel deux sommets opposés viennent aboutir en M et en N, la surface décrite par le demi-polygone aura pour mesure le produit de la circonférence dont l'apothème est le rayon, par l'axe entier MN.

415. _________ La surface de la sphère est égale à celle de quatre grands cercles. En effet si on suppose que l'on double le nombre des côtés dans le polygone précédent, l'apothème devenant un peu plus grand la surface augmentera, mais le produit de la longueur de l'axe par la circonférence qui a pour rayon l'apothème, sera toujours l'expression de la mesure de la surface produite. Elle le sera encore à la limite, c'est-à-dire, lorsque le polygone sera devenu une circonférence dont l'apothème sera le rayon. La surface ainsi engendrée sera celle de la sphère, et elle aura pour mesure le produit de la circonférence d'un grand cercle par le diamètre. La surface d'un grand cercle

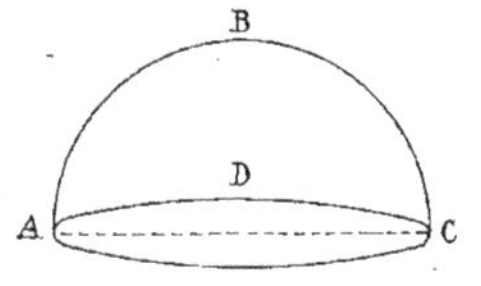

est égale à sa circonférence multipliée par la moitié du rayon ou le quart du diamètre; elle est donc le quart de celle de la sphère, et par suite la surface de la sphère est quadruple de celle d'un grand cercle. Il suit delà que si on considère à part un hémisphère ABC, la surface qui est la moitié de celle de la sphère est précisément double de celle du grand cercle ADC qui lui sert de base.

416. _________ On appelle zone sphérique la partie de la surface de la sphère comprise entre deux plans parallèles. Si on suppose un diamètre perpendiculaire aux plans AE et BF, la surface décrite par l'arc AB sera égale d'après ce qui précède au produit de EF par la circonférence d'un grand cercle dont le rayon sera le rayon même de la sphère, ce que l'on exprime en disant que la surface d'une zone sphérique est égale au produit de sa hauteur par la circonférence d'un grand cercle.

Comme exercice de calcul évaluer les surfaces des sphères d'un diamètre donné et le diamètre des sphères dont la surface soit donnée.

_ Chapitre

Chapitre XXV.

De la mesure des Volumes.

417. ———— L'unité de mesure des Volumes est le cube construit sur l'unité de longueur. Si donc l'unité de longueur est le mètre, l'unité de volume sera le mètre cube comme pour les bois qui s'évaluent en stère. Si l'unité de longueur est le décimètre, l'unité de volume sera le décimètre cube qui correspond au litre, &c.

418. ———— Soit maintenant un cube $ABCDE$, dont le côté contienne un certain nombre de fois exactement l'unité de longueur, qu'il soit par exemple de 4 mètres. Si on partage la hauteur de ce cube en 4 parties d'un mètre chacune, et que par les points de division on fasse passer des plans parallèles à la base, ils partageront le cube en quatre tranches dont la hauteur sera égale à l'unité, la base de chacune de ces tranches contiendra quatre fois quatre ou seize carrés d'un mètre de côté et à chacun de ces carrés correspondra un cube qui aura un mètre de côté en tout sens. Le cube entier contiendra donc quatre fois seize ou soixante quatre cubes égaux à l'unité de volume, d'où l'on voit que pour évaluer le volume d'un cube dont le côté contient un certain nombre exact de fois l'unité de longueur, il faut faire le produit du carré de ce nombre par lui-même, c'est-à-dire l'élever à la 3me puissance. C'est pour cela que l'on appelle cube d'une quantité, la 3me puissance de cette quantité.

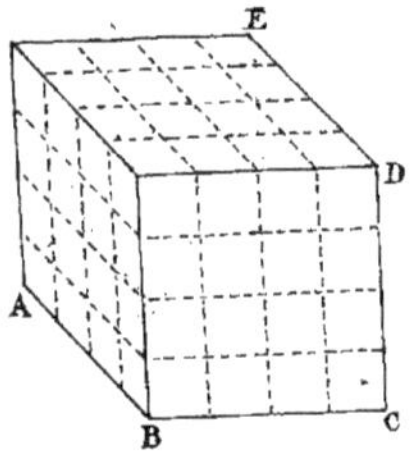

Les cubes se désignent comme en algèbre, ainsi 4 mètres cubes s'écriront 4^{m^3} et le cube construit sur une ligne AB s'écrira $\overline{AB}^3$ en entendant par là des puissances de nombres abstraits comme on l'a expliqué pour les carrés.

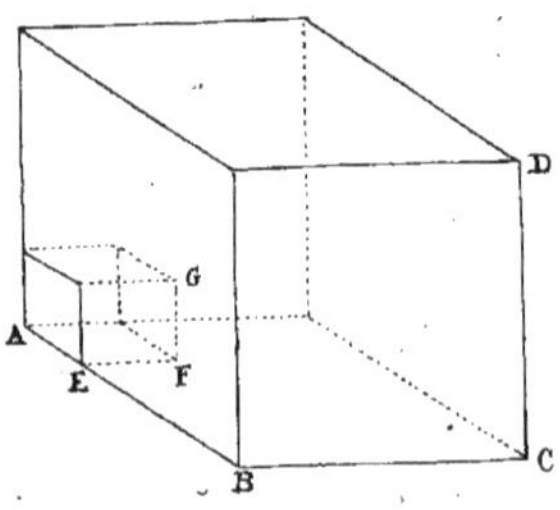

— Les volumes de deux cubes sont entre eux comme les cubes de leurs côtés. En effet, soient les cubes $ABCD$ et $AEFG$, dont on a superposé les trois faces contiguës au sommet A, ce qui est permis, puisqu'elles sont toutes à angle droit. Supposons que les longueurs de ces côtés soient telles que AB contienne m partie, AE en contienne n, c'est-à-dire quel'on ait AB:AE :: m:n. En prenant la grandeur de ces parties pour unité de longueur, le cube ABCD contiendra m^3 unités de volume, et le cube AE, FG en contiendra n^3, on aura donc ABCD:AEFG :: $m^3:n^3$, ou en vertu de la première proportion, ABCD:AEFG :: $\overline{AB}^3:\overline{AE}^3$.

Si les côtés sont incommensurables la démonstration se continue comme pour les surfaces (267).

420. ————— Il suit de là que si le côté d'un cube devient double, son volume deviendra huit fois plus grand, s'il devient triple le volume sera 27 fois plus grand, &c. s'il devient décuple le volume sera mille fois plus grand; ainsi le cube construit sur un mètre contiendra mille fois le cube construit sur un décimètre et un million de fois le cube construit sur un centimètre. Et comme le cube d'un décimètre équivaut au litre, le mètre cube correspondra au kilolitre et le centimètre cube au millilitre.

De même le centimètre cube d'eau pesant un gramme le décimètre cube pesera un kilogramme et le mètre cube mille kilogrammes. Le dernier poids porte dans la Marine le nom de Tonneau. — Enfin par suite encore, il faudra se garder d'employer le mot de décimètre-cube pour dixième de mètre cube, centimètre cube pour centième de mètre cube, &c.; car le mètre cube contenant mille décimètres cubes, le dixième c'est à-dire la tranche d'un décimètre de haut sur un mètre carré de base en contiendra cent. Le dixième de mètre cube est donc cent fois plus grand que le décimètre cube. On prouve de même que le centième de mètre cube est dix mille fois plus grand que le centimètre cube, le millième de mètre cube, un million de fois plus grand que le millimètre cube, etc, etc.

421. ————— Deux parallélépipèdes rectangles de même base sont entr'eux comme leurs hauteurs. Soient pour le prouver les deux parallélépipèdes rectangles ABCDEF et ABCGHI. Leurs bases étant égales on peut les superposer, et comme leurs faces sont rectangulaires leurs directions se confondront. Supposons que les hauteurs AE et AI aient une commune mesure et soient telles qu'on puisse partager AF en m parties et que AI contienne n de ces parties. Faisant passer par les points de division des plans parallèles à la base, on aura partagé les deux parallélépipèdes en tranches qui seront toutes égales, car elles peuvent se superposer, (ayant même base, toutes les faces à angle droit en même hauteur,) le parallélépipède AF contiendra donc m volumes égaux à une de ces tranches et le parallélépipède AI en contiendra n; on aura donc ABCE:ABCI :: m:n. S'il n'y avait pas de commune mesure on continuerait la démonstration comme pour les surfaces (271 et 267).

422. ————— Deux parallélépipèdes rectangles quelconques sont entr'eux comme les produits de leurs bases par leurs hauteurs. Soient pour

le prouver les deux parallélépipèdes rectangles ABD et AEG dont nous supposons que l'on a superposé les trois faces contiguës à l'angle A. Supposons aussi que l'on ait prolongé la face supérieure du petit parallélépipède qui coupe les faces du grand, suivant KN et NP, et la face GI qui coupe la face BN suivant IM. Cela posé : les parallélépipèdes AEG et ABG ayant même base AFGH seront entr'eux comme leurs hauteurs AE et AB, c'est-à-

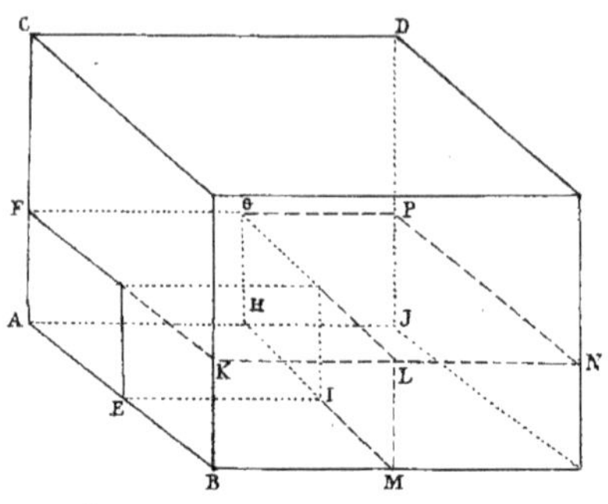

dire que l'on aura AEG : ABG :: AE : AB. De même les parallélépipèdes ABL et ABN ayant même base ABKF, seront aussi entr'eux comme leurs hauteurs AH et AJ, c'est-à-dire que l'on aura « ABL : ABN :: AH : AJ. Enfin les parallélépipèdes ABN et ABD donneront par la même raison « ABN : ABD :: AF : AC. en multipliant ces trois proportions terme à terme, les produits seront en proportion (alg. 105) et l'on aura

$$AEG \times ABG \times ABN : ABG \times ABN \times ABD :: AE \times AH \times AF : AB \times AJ \times AC$$

en effaçant dans le premier rapport les facteurs communs ABG et ABN

$$AEG : ABD :: AE \times AH \times AF : AB \times AJ \times AC.$$

ce qui prouve la proposition énoncée.

423. ——— D'après cela il est facile de voir que le volume d'un parallélépipède rectangle est égal au produit de ses trois dimensions, ou encore au produit de sa base par sa hauteur. En effet la proportion précédente en renversant les rapports, peut se mettre sous la forme $\dfrac{ABD}{AEG} = \dfrac{AB}{AE} \times \dfrac{AJ}{AH} \times \dfrac{AC}{AF}$ et si l'on suppose que le parallélépipède AEG soit le cube construit sur l'unité de longueur, le 1er membre de cette égalité exprimera le nombre d'unités de volume du parallélépipède ABD et on voit que le nombre est égal au produit des trois nombres qui expriment les longueurs des trois arêtes AB, AJ et AC.

424 ——— Le volume d'un parallélépipède rectangle ne change pas lorsque le rectangle qui lui sert de base est transformé en un parallélogramme de même base et de même hauteur. Soit pour le prouver le parallélépipède rectangle AG. Supposons que sa base rectangulaire ABCD soit changée dans le parallélogramme ABIK de même base et de même hauteur que ABCD ; le volume n'aura pas changé, si le prisme triangulaire BCIL qui est ajouté est équivalent au prisme triangulaire AKDH. Or, il en est ainsi, car les triangles ADK et BCI étant

égaux (275), on peut les superposer; et comme les arêtes de ces deux prismes sont toutes à angle droit sur les plans des bases, elles se confondront, et les prismes ayant tous leurs sommets communs se confondront dans toutes leurs parties. Donc, &c...

425. ________ Tout parallélépipède droit peut se décomposer en deux prismes triangulaires droits égaux entr'eux. Soit pour le prouver le parallélépipède droit AG, dont la base est un parallélogramme quelconque. Par les arêtes opposées HD et BF menons un plan qui coupe les bases suivant BD et FH le parallélépipède sera décomposé en deux prismes triangulaires égaux, car leurs bases BCD et DAB peuvent se superposer, et comme les arêtes latérales sont perpendiculaires à ces bases et égales entr'elles, elles se confondront, les deux prismes sont donc égaux.

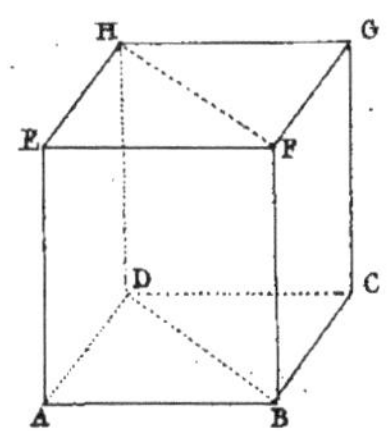

426. ________ Il suit de là que tout prisme triangulaire droit a pour mesure le produit de sa base par sa hauteur. En effet le prisme qui a pour base le triangle ABC est la moitié du parallélépipède de même hauteur que lui et qui a pour base le parallélogramme ABCD.(431), et ce parallélépipède lui-même équivaut à un parallélépipède rectangle de même hauteur et qui a pour base ABEF. Or, ce dernier a pour mesure le produit de sa hauteur par la surface ABEF, le prisme triangulaire qui en est la moitié, aura donc pour mesure la moitié du produit précédent ou si l'on veut le produit de sa hauteur par la moitié de ABEF; Or, la moitié de ABEF est précisément la surface du triangle ABC. Donc &c.

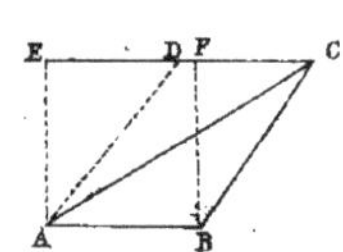

427. ________ Un prisme quelconque a pour mesure le produit de sa base par sa hauteur. La proposition est évidente si le prisme est droit, car alors décomposant sa base en triangles, chacun de ces triangles sera la base d'un prisme triangulaire droit qui aura pour mesure le produit de sa base par sa hauteur, et ces prismes réunis composant le prisme donné, il aura lui-même pour mesure le produit de la somme des triangles par sa hauteur, et comme la somme de ces triangles est égale à la base même du prisme; il aura pour mesure le produit de sa base par sa hauteur.

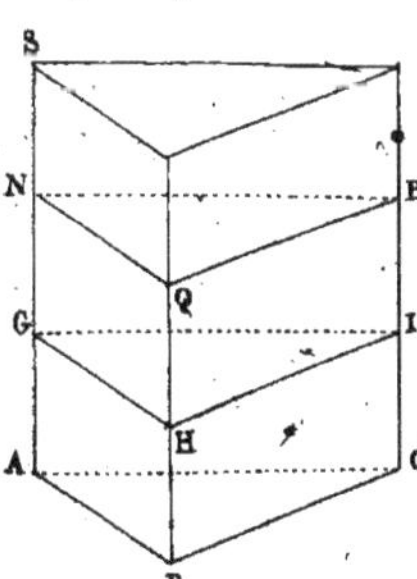
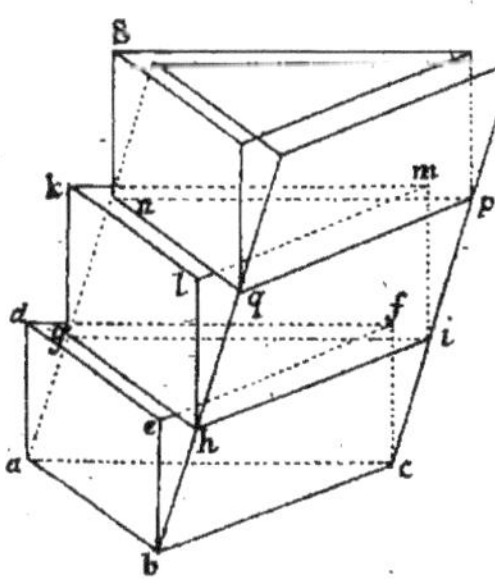

Si le prisme est oblique, la proposition sera démontrée si l'on fait voir que tout prisme oblique équivaut au prisme droit de même base et de même hauteur. Soient deux prismes quelconques, mais que pour plus de simplicité, nous supposerons triangulaires; l'un droit l'autre oblique, et tous deux de même hauteur et de même base. Je dis qu'ils seront équivalents. Pour le prouver supposons que l'on ait partagé la hauteur AS de ces prismes en un certain nombre de parties égales et que par chacun des points de division on fasse passer des plans parallèles au plan des deux bases, ces plans produiront dans chacun des solides des sections GHI et ghi, NPR et npq, etc. égales aux bases et par suite égales entr'elles; et si sur chacune des sections abc, ghi,... du prisme oblique on élève un prisme droit abcdef, ghiklm,... on aura remplacé le prisme oblique par une suite de petits prismes échelonnés les uns sur les autres, mais tels que chacun d'eux serait égal à celui qui lui correspond dans le prisme droit puisqu'ils auront tous même base et même hauteur. Cette égalité ne sera pas troublée de quelque manière que l'on multiplie le nombre des plans d'intersection, elle aura donc encore lieu à la limite, c'est-à-dire lorsque le solide à échelons qui approche de plus en plus du prisme oblique à mesure que les sections se rapprochent finit par se confondre avec lui. Donc, etc. Il suit delà que les volumes de deux prismes qui ont même hauteur et des bases équivalentes sont équivalents, puisque ces volumes évalués d'après la règle précédente sont égaux entr'eux.

428. _____ Les cylindres étant des prismes d'un nombre infini de côtés, les mêmes démonstrations leur sont applicables. Donc le volume d'un cylindre a pour mesure le produit de sa base par sa hauteur.

429. _____ Le volume d'une pyramide quelconque équivaut à celui d'une pyramide triangulaire de même hauteur et de base équivalente. En effet, si nous supposons que les bases de ces pyramides soient sur un même plan, si

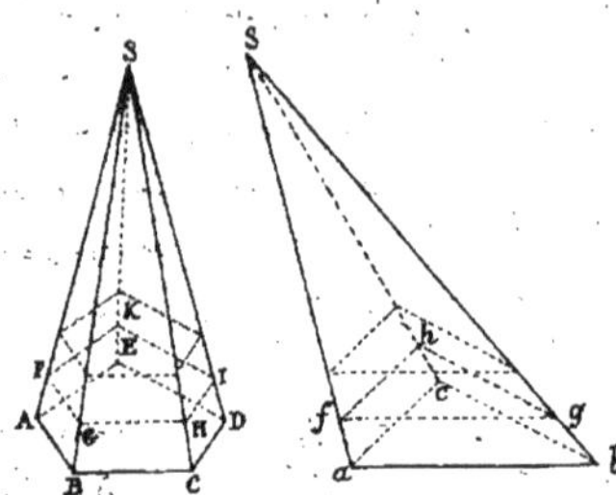

comme précédemment on partage la hauteur en un certain nombre de parties et si par les points de division on coupe les pyramides par des plans parallèles au plan des bases, les sections ainsi produites comme FGHIK et fgh seront semblables aux bases ABCDE et abc (381), et de plus les côtés homologues de ces sections seront proportionnels aux distances mesurées du point S; c'est-à-dire que l'on aura AB : FG :: SA : SF et ab : fg :: sa : sf. Mais SA, sf étant interceptées entre plans parallèles; puisque les sommets S et s sont dans un même plan parallèle aux bases sont comprises proportionnellement (362) et l'on a SA : SF :: sa : sf c'est-à-dire AB : FG :: ab : fg, d'où l'on tire $\overline{AB}^2 : \overline{FG}^2 :: \overline{ab}^2 : \overline{fg}^2$. Or les surfaces des polygones semblables étant proportionnelles aux carrés des côtés homologues on a ABCDE : FGHIK :: $\overline{AB}^2 : \overline{FG}^2$ et abc : fgh :: $\overline{ab}^2 : \overline{fg}^2$. Donc ABCDE : FGHIK :: abc : fgh. Or par supposition,

les surfaces des bases sont équivalentes entr'elles, c'est-à-dire que A.BCDE = abc,
donc aussi FGHIK = fghi; c'est-à-dire que les sections faites dans les deux pyramides par
les plans parallèles au plan des bases seront équivalentes.

Si donc sur les sections on bâtit, comme on l'a fait pour le prisme oblique
(427), de petits prismes qui auront pour base la section faite dans chaque pyramide
et pour hauteur la distance des plans coupants, ces prismes seront équivalents comme
ayant même hauteur et des bases équivalentes; par là on aura substitué aux pyrami-
-des des solides à échelons qui seront équivalents entr'eux et qui ne cesseront pas de
l'être quelque multipliés que soient les plans d'intersection. Ils seront donc encore équivalents
à la limite, c'est-à-dire lorsque les solides à échelons qui approchent de plus en plus des
pyramides, se confondront avec elles; donc les pyramides elles-mêmes sont
équivalentes.

430. —————— Le volume d'un prisme triangulaire tronqué est égal à celui de 3 pyramides
qui auraient pour base la base du prisme, et pour hauteurs celles des trois sommets au
dessus du plan de la base. Soit pour le prouver un prisme ABCDEF quel'on suppose

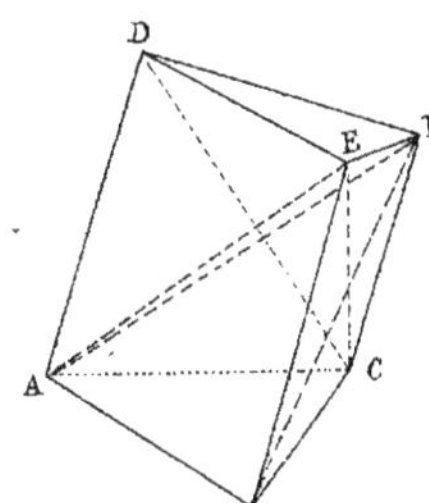

tronqué, c'est-à-dire dont on a enlevé la partie
supérieure par un plan non parallèle à la base.
Je dis que son volume est égal à celui de trois pyramides dont la base serait en ABC et dont les sommets
seraient aux points D, E et F. Pour le prouver, par
les points A, E et C, faisons passer un plan, il se
détachera du prisme une pyramide ABCE qui
sera l'une des pyramides mentionnées dans l'énoncé
de la proposition. Reste la pyramide dont le sommet
est en E, et qui a pour base le quadrilatère ACFD par le p int AE et F imagi-
-nons un plan qui coupe le quadrilatère suivant AF, la pyramide ACFE sera
équivalente à la pyramide ACFB comme ayant même base ACF et même hauteur,
puisque EB arête du prisme est parallèle au plan des arêtes AD et EF. On peut donc rem-
-placer la pyramide ACFE par ACFB. Or, cette dernière peut être considérée comme ayant
pour base ABC et pour sommet le point F; elle sera donc aussi une des pyramides
annoncées.

Reste la pyramide ADFE. A la base ADF de cette pyramide on peut substituer
le triangle ADC égal au premier comme ayant même base AD et même hauteur, puisque
les sommets C et E sont sur une même parallèle à AD. Par là la pyramide ADFE est
changée en ADCE et pour cette dernière on peut transporter le sommet de E en B puisque BE étant parallèle au plan de la base la hauteur ne change pas. La pyramide
ADFE se trouve donc ainsi changée dans la pyramide ABCD. Mais cette dernière
pyramide peut être considérée comme ayant son sommet en D et pour base ABC; elle
est donc la troisième des pyramides annoncées dans l'énoncé de la proposition.

431. —————— Remarquons que la démonstration précédente s'applique mot à mot au

cas où le prisme ne serait pas tronqué ; mais alors les hauteurs des trois pyramides sont égales à la hauteur même du prisme ; Donc le volume d'un prisme triangulaire quelconque est triple de celui de la pyramide, qui a même base et même hauteur que lui.

432. ——————— Une pyramide quelconque a pour mesure le tiers du produit de sa base par sa hauteur. En effet ; si la pyramide n'est pas triangulaire, elle équivaut en volume à la pyramide triangulaire qui a même hauteur et une base équivalente (429), cette pyramide triangulaire est elle-même le tiers du prisme de même base et de même hauteur : Donc une pyramide quelconque a pour mesure le tiers de la mesure de ce prisme, c'est-à-dire le tiers du produit de sa base par sa hauteur.

433. ——————— Le cône pouvant être considéré comme une pyramide dont la base est un polygone d'un nombre infini de côtés aura pareillement pour mesure le tiers du produit de sa base par sa hauteur.

434. ——————— Un tronc de pyramide est égal à trois pyramides qui auraient pour hauteur celle du tronc, et pour bases, l'une la base inférieure du tronc, l'autre sa base supérieure ; et la 3me une moyenne proportionnelle entre ces deux bases.

Remarquons d'abord que quelque soit la forme de la base du tronc, si nous supposons qu'on lui ait ajouté la pyramide qui manque à son sommet, la pyramide totale équivaudra à la pyramide triangulaire de même hauteur et de base équivalente. Et si l'on suppose les deux bases dans un même plan, en prolongeant le plan de la base supérieure du tronc il ferait dans la pyramide triangulaire une section équivalente, en sorte que les petites pyramides retranchées de part et d'autre seraient aussi équivalentes, les troncs seront donc équivalents. On peut donc substituer à un tronc de pyramide quelconque, un tronc de pyramide triangulaire à bases équivalentes. Soit ABCDEF ce tronc. Nous pouvons d'abord

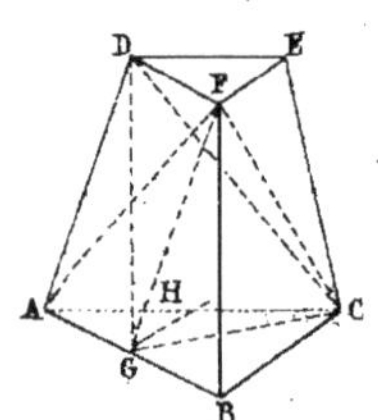

en procédant comme on a déjà fait (436), en détacher les pyramides ABCF et DEFC qui ont pour bases, l'une la base inférieure, et l'autre la base supérieure ; et pour hauteur la hauteur du tronc, et seront deux des pyramides annoncées. — Reste donc la 3me ACDF. Si nous menons FG parallèle à AD, nous pourrions transporter en G le sommet F de cette pyramide sans changer son volume, puis considérer la pyramide nouvelle ACDG comme ayant son sommet en D et pour base ACG. Elle a donc pour hauteur la hauteur du tronc, et pour faire voir que sa base est moyenne proportionnelle entre les deux autres, prenons AH = DE ; les triangles AGH et DEF seront égaux. Or, les triangles AHG et ACG ayant même hauteur seront entr'eux comme leurs bases, on aura donc AHG ou DEF : ACG :: AH : AC, on aura de même ACG : ABC :: AG : AB. Mais les triangles DEF ou AHC et ABC étant semblables on a AH : AC :: AG : AB. Donc on aura DEF : AGC :: AGC : ABC. Donc la base de la 3ᵐᵉ pyramide est moyenne proportionnelle entre les deux autres. Donc &ᶜ. Cette mesure donnera aussi celle du tronc de cône.

435. ———— Le volume d'une sphère est égal au tiers du produit de sa surface par le rayon. En effet, la sphère peut être considérée comme enveloppée par un polyèdre régulier dont toutes les faces sont tangentes à la surface de cette sphère. Chacune de ces faces peut être regardée comme la base d'une pyramide qui a pour hauteur le rayon de la sphère, et dont le volume est égal au tiers du produit de sa base par le rayon. La somme de toutes ces pyramides aura donc pour mesure le tiers du produit de la surface totale du polyèdre par le rayon de la sphère, et comme cette expression est toujours la même de quelque manière que l'on multiplie les faces du polyèdre, à la limite elle se vérifiera encore. Or, plus on multiplie les faces, plus le polyèdre approche de la sphère, et à la limite il se confond avec elle. Donc, &ᶜ.

Il suit de là que si D est le diamètre d'une sphère, la surface d'un grand cercle sera $\frac{\pi D^2}{4}$ (283) et comme la surface de la sphère vaut quatre grands cercles elle sera πD^2 et son volume $\pi D^2 \times \frac{D}{6} = \frac{\pi D^3}{6}$. Si au lieu du diamètre on voulait faire figurer le rayon, en mettant $2R$ à la place de D, l'expression serait $\frac{4}{3}\pi R^3$ comme on peut s'en assurer.

436. ———— On appelle secteur sphérique le volume décrit par l'arc AB et le rayon BC, le tout tournant autour de AC comme axe ρ. Il est clair d'après ce qui précède qu'un tel secteur aura pour mesure le tiers du produit de la surface de la zone ou calotte sphérique décrite par l'arc AB et que l'on sait mesurer (421) par les rayons. Si de ce volume on retranche celui du cône décrit par BC, on aura le volume du solide restant compris entre le plan CD et la surface de la sphère, c'est ce qu'on appelle un segment sphérique.

437. ———— S'il s'agissait d'un polyèdre de forme irrégulière, il faudrait le décomposer, soit en prismes tronqués, soit en pyramides et les calculer d'après les règles données pour mesurer ces solides.

Exercices. — Calculer les solidités de prismes, cylindres, pyramides, cônes et sphères de dimensions données.

Chapitre XXVI.

Des comparaisons de Volumes et des évaluations en poids.

438. ————— Deux prismes quelconques ayant chacun pour mesure le produit de leurs bases B et b par leurs hauteurs H et h, leurs volumes V et v seront entr'eux comme ces produits, c'est-à-dire que l'on aura $V : v :: B \times H : b \times h$. Si donc les bases B et b sont équivalentes les volumes seront entr'eux comme les hauteurs et si les hauteurs sont égales les volumes seront entr'eux comme les bases. Il en serait de même de deux pyramides, car ayant toutes deux pour mesure le tiers des produits $B \times H$ et $b \times h$, cela ne change rien aux rapports de ces mêmes produits. Enfin cela s'appliquera encore au cylindre et au cône qui ne sont que des cas particuliers du prisme et de la pyramide.

439. ————— Les volumes de la sphère et du cylindre qui lui est circonscrit sont dans le même rapport que les surfaces totales de ces solides et le rapport est celui de $2 : 3$.

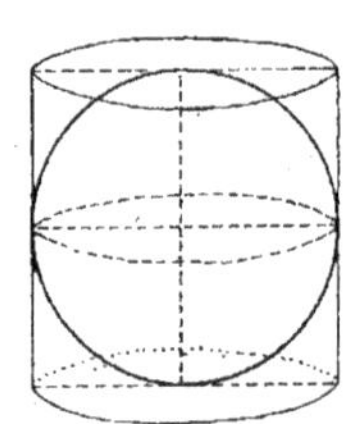

En effet si D est le diamètre de la sphère, son volume sera $\frac{1}{6} \pi D^3$ pour le cylindre sa base sera $\frac{1}{4} \pi D^2$ et son volume (puisque sa hauteur est D) sera $\frac{1}{4} \pi D^3$. Le rapport de ces deux surfaces est donc $\frac{\frac{1}{6} \pi D^3}{\frac{1}{4} \pi D^3} = \frac{4}{6} = \frac{2}{3}$.

La surface de la sphère est quadruple de celle d'un grand cercle laquelle est $\frac{1}{4} \pi D^2$ celle de la sphère est donc πD^2. Pour le cylindre les deux bases ont chacune pour mesure $\frac{1}{4} \pi D^2$ ce qui donne pour les deux $\frac{1}{2} \pi D^2$ le contour de la base est πD (122) et sa surface latérale πD^2. La surface totale du cylindre sera donc $\frac{1}{2} \pi D^2 + \pi D^2 = \frac{3}{2} \pi D^2$ et le rapport de la surface de la sphère à celle du cylindre $\frac{\pi D^2}{\frac{3}{2} \pi D^2} = \frac{2}{3}$ comme pour leurs solidités.

440. ————— La Géométrie ne donne pas les moyens de construire des solides semblables à des solides donnés et dont les volumes soient à ceux des premiers dans un rapport donné. La question de trouver le côté d'un cube doublé en volume d'un cube donné, qui serait la plus simple de toutes celles de ce genre, est un problème qui a autant exercé les Géomètres et aussi inutilement que la quadrature du cercle.

Pour tous les problèmes de ce genre on a opéré par le calcul.

441. ________ **Problême.** ________ On demande le diamètre de la sphère dont le volume est un mètre cube ?

Le volume de la sphère, en appelant d son diamètre, est comme nous l'avons vu $\frac{\pi\, d^3}{6}$. On a donc dans ce cas $\frac{\pi\, d^3}{6}=1$ d'où $d^3\frac{6}{\pi}$ et $d=\sqrt[3]{\frac{6}{\pi}}=1^m.2407$.

$Log\ 6 =$	$0,77815$
$Log\ \pi =$	$0,49715$
Diffce =	$0,28100$
1/3 dif. =	$0,09367$
Log. de =	$1,2407$

442. ________ Quel est le diamètre du cylindre qui a 35 centimètres de hauteur et dont le volume est de 25 décimètres cubes ?

Il faut faire ici une remarque très-importante ; c'est que si l'on faisait entrer dans le calcul les nombres tels qu'ils sont énoncés dans la question, on arriverait à des résultats erronés. Nous savons en effet que l'unité de volume est le cube construit sur l'unité de longueur, il faut donc dans tout calcul que l'unité de longueur soit le côté du cube qui sert d'unité de volume, et le décimètre cube étant l'unité de volume dans la question, il faudra que l'unité de longueur soit le décimètre, ou encore, conservant le centimètre pour unité de longueur ; il faudra exprimer le volume en centimètres cubes.

Prenons le décimètre pour unité, alors la hauteur du cylindre ne sera plus 35 mais bien 3,5. Et si on appelle d le diamètre d'un cylindre et h sa hauteur, sa base sera $\frac{\pi\, d^2}{4}$ et son volume $\frac{\pi\, d^2 h}{4}$ sera égal à 25, d'où l'on tire $d^2=\frac{4\times 25}{\pi\,.\,h}=\frac{4\times 25}{\pi\times 3,5}=\frac{100}{\pi\times 3,5}=3^m,015$

L. 100 =	$2,00000$
C. log. π =	$\overline{1},50285$
C. log. 3,5 =	$\overline{1},45593$
Somme	$0,95878$
1/2 som.	$0,47939$
Log. de	$3,015$

443. ________ On demande la hauteur et le diamètre d'un cône dont le volume est de 3 mètres cubes ?

La question ainsi posée n'est pas suffisamment déterminée. Il y a une infinité de cônes qui peuvent y répondre. Il faut donc fixer quelque chose de plus, par exemple arrêter que la hauteur sera au diamètre comme 0 1,75 est à l'unité, alors appelant d le diamètre et h la hauteur, la base sera $\frac{\pi\, d^2}{4}$, et le volume $\frac{\pi\, d^2}{4}\times\frac{h}{3}=\frac{\pi\, d^2 h}{12}$. Supposons que l'on cherche d'abord la hauteur, on a d'après l'énoncé $h:d::1,75:1$ d'où $h=1,75\times d$, le volume est alors $\frac{\pi\times 1,75\times d^3}{12}$ et il doit être égal à 3 mètres cubes ; on a donc $\frac{\pi\times 1,75\times d^3}{12}=3$ d'où $d=\sqrt[3]{\frac{3\times 12}{\pi\times 1,75}}=1^m.871$, on trouve ensuite $h=1,75\,d=3^m.274$.

Log. 36 =	$1,55630$
C. log. π =	$\overline{1},50285$
C. log. 1,75 =	$\overline{1},75696$
Somme	$0,81611$
1/3 somme	$0,27204$
ou log.	$1,871$
	$0,27204$
Log. 1,75 =	$0,24304$
	$0,51508 = Log. 3.274$

444.   On demande la contenance en litres d'une tonne en forme de tronc de cône, dont la base supérieure a 3 mètres de diamètre (mesurés intérieurement), la base inférieure $3^m,45$, et la hauteur $2^m,40$.

Pour calculer en litres, aux mesures précédentes nous substituerons $30\,^{d/m}$ pour la 1re base, $34\,^{d/m},5$ pour la 2e et $24\,^{d/m}$ pour la hauteur, dont le tiers est $8\,^{d/m}$. On trouve que le logarithme de la surface supérieure est 2,84933 donnant en décimètres carrés 706,8. — Pour la face inférieure on trouve que son logarithme 2,97,073 correspondant à 934,8 décimètres carrés. La demi-somme de ces logarithmes est 2,91003 correspondant à 812,9 décimètres carrés, moyenne proportionnelle entre les deux bases. Faisant la somme de ces trois surfaces il vient 2454,5 décimètres carrés, en multipliant par 8, tiers de la hauteur, le volume est de 19636 litres.

445.   Il arrive souvent que dans ces opérations on se propose ou de connaître le poids du corps ou de trouver la dimension d'un solide pesant un poids déterminé, ce calcul déjà très-compliqué lorsque les opérations se faisaient en mesures anciennes l'étaient encore davantage lorsqu'il fallait tenir compte du poids car après avoir obtenu le volume en pieds cubes, par exemple, il fallait, si c'était de l'eau, multiplier ce volume par $69^{\#}\ 14^{o}$ poids du pied cube d'eau, et pour les autres corps par un nombre convenable selon la nature de ce corps.

Mais dans les nouvelles mesures le poids du gramme et du kilogramme ayant été choisi tel que ces poids correspondent précisément à des unités de volume; le même nombre qui exprimera le volume d'un corps en centimètres, en décimètres ou en mètres cubes exprimera aussi le poids de pareil volume d'eau en grammes, kilogrammes ou en tonneaux (poids de mer).

Si le volume est d'une autre substance que l'eau, il faudra connaître dans quel rapport cette substance est plus ou moins pesante que l'eau, c'est ce qu'on appelle la pesanteur spécifique de cette substance. Ainsi, dire que la pesanteur spécifique de l'or est $19\,\tfrac{1}{4}$ ou dire que ce métal est 19 fois un quart plus pesant que l'eau, c'est la même chose.

Dès lors il est facile, dès que l'on connaît la pesanteur spécifique des corps (1) de résoudre les questions où leur poids figure.

446.   Sachant que la pesanteur spécifique du plomb est 11,35, on demande le poids du cylindre en plomb qui aurait $27\,^{d/m}$ de diamètre à sa base et 38 de hauteur? Si nous voulons avoir le résultat en kilogrammes il faudra calculer en décimètres. Le volume sera $\dfrac{\pi \times (2,7)^2}{4} \times 3,8$ et le poids $\dfrac{\pi \times (2,7)^2 \times 3,8 \times 11,35}{4} = 246\,^{K/g},9$

$$
\begin{aligned}
\text{Log. } 2,7 &= 0,43136\\
2\ \text{Log. } 2,7 &= 0,86272\\
\text{Log. } \pi &= 0,49715\\
\text{Log. } 3,8 &= 0,57978\\
\text{Log. } 11,35 &= 1,05500\\
\text{C.Log. } 4 &= \bar{1},39794\\
\hline
&= 2,39259 = \text{Log } 246,9
\end{aligned}
$$

(1) On trouve le tableau des pesanteurs spécifiques les plus usitées vers la fin de l'explication sur l'usage des logarithmes imprimée en tête des petites tables de logarithmes ordinaires.

447. — Le poids du cylindre précédent, et sa dimension étant les mêmes, de combien faut-il diminuer son diamètre pour le ramener au poids de 200 kilogrammes.

Pour répondre à cette question nous calculerons directement quel serait le diamètre d'un cylindre de plomb de 38 c/m de hauteur et du poids de 200 kilogrammes. On trouve qu'il serait 2,d/m 43 ou 24 c/m 3. La diminution serait donc 27 − 24,3 centimètres ou 27 millimètres.

448. — Il est souvent nécessaire de mesurer des tonneaux et barriques. Nous donnerons donc ici la formule, mais sans la démontrer. La voici: $\frac{\pi h}{6}(a^2 + 4b^2 + C^2)$ a et c désignant les rayons des bases et b le rayon de la partie renflée; si a et c sont égaux entre eux, comme cela a lieu d'ordinaire, elle devient $\frac{\pi h(a^2 + 2b^2)}{3}$.

Ainsi une barrique qui aurait 4 décimètres de rayon aux extrémités, 4,5 au milieu et 12 décimètres de longueur intérieure, aurait pour volume $\frac{\pi \times 12.(16 + 2 \times 20,25)}{3} = 710$ litres.